Jorge Alfredo Gonzélez Pérez
Felicidad Ndafahamba Alberto Cabral

Propuesta de sistema de información sobre variable climática

Jorge Alfredo Gonzélez Pérez
Felicidad Ndafahamba Alberto Cabral

Propuesta de sistema de información sobre variable climática

En la agricultura del municipio de Cuanhama, Cunene. Angola

Editorial Académica Española

Imprint

Cover image: www.ingimage.com

Publisher:
Editorial Académica Española
is a trademark of
Dodo Books Indian Ocean Ltd. and OmniScriptum S.R.L publishing group

120 High Road, East Finchley, London, N2 9ED, United Kingdom
Str. Armeneasca 28/1, office 1, Chisinau MD-2012, Republic of Moldova, Europe
Printed at: see last page
ISBN: 978-620-0-01022-3

Propuesta de sistema de información sobre variables climáticas que influyen en la agricultura en el municipio de Cuanhama Provincia de Cunene

Autor(es): MSc. Jorge Alfredo González Pérez

Ing. Felicidad Ndafahamba Alberto Cabral

CUNENE, 2024

AGRADECIMIENTO.

- *A Dios Todopoderoso por el don de la vida y la salud, por la fuerza, la sabiduría y la capacidad de llegar hasta aquí.*
- *A mis profesores que dedicaron su tiempo y dieron todo para que este momento sucediera.*
- *Agradezco a mi querido tutor JORGE ALFREDO GONZÁLEZ PÉREZ por su paciencia y dedicación, gracias*
- *Agradezco a tres personas muy importantes en mi vida que estuvieron presentes desde el inicio por sus consejos y apoyo económico, mi madre Gizela J. Dembo, mi tío Estefanio, ustedes son mis segundos padres.*
- *Agradezco a mi amor Nelson K. Hach por su apoyo y compañerismo incondicional, motivación y apoyo para que todo esto fuera posible, gracias amor.*
- *A mis queridos compañeros por el compañerismo y por las batallas que pasamos*

Muchas gracias a todos por su apoyo.

DEDICACIÓN

Dedico esta monografía a mi querida familia, especialmente a mi madre.ely "Augusta Inés Augusta" por todas las oraciones y apoyo en los momentos difíciles que pasamos, aún así seguimos de pie con poco que trabajaste mucho para que tu hija hoy tuviera un título, gracias, te amo.

Mi princesa Azucena Tuyoleni Hach a quien quiero mucho y que la mañanaelSiéntete orgulloso de tu madre y podrás seguirla como ejemplo, te amo.

RESUMEN

Este trabajo se realiza en el municipio de Cuanhama, Provincia de Cunene, donde se analizó el comportamiento histórico de algunas variables climáticas: como la temperatura máxima y mínima, la humedad relativa y la precipitación durante un período histórico de diez años (2013-2022) y comparado con el año 2023. Esta investigación se realizó con información recibida del Ministerio de Telecomunicaciones, Tecnologías de la Información y Comunicación Social. Instituto Nacional de Meteorología y Geofísica Departamento Provincial de Meteorología de Cunene, donde se obtuvieron datos de temperatura máxima y mínima, humedad relativa y precipitación durante 11 años. En La temperatura máxima promedio del año analizado (2023) tuvo un valor de 31.58 ºC, siendo inferior al promedio histórico a la cual le puse un valor promedio anual de 34.7 ºC, la humedad mínima en el año analizado fue 17.2 ºC mayor que el promedio histórico (13,3 ºC), la humedad relativa del promedio histórico 52,7% fue superior a la del año analizado 34,0%, las precipitaciones en ambos casos fueron bajas aunque la del promedio histórico (37,5 mm) fue superior a la del año 2023 (32,6 milímetros). Se elabora un boletín agroclimático que brinda información detallada sobre las condiciones meteorológicas de la zona, así como elementos e información de utilidad para los productores que les permita tomar decisiones favorables en su producción. GRAMOasegurar que los productores estén actualizados en relación con ellos, disponiendo de información que les ayude a tomar decisioneseles en relación con los tipos de producción a sembrar y desarrollar en sus jardines, de manera que se minimice el daño económico para ellos.

Palabras clave: variabilidad, temperatura, humedad, precipitacióneles,

RESUMEN

El presente trabajo se realiza en el municipio de Cuanhama, Provincia de Cunene, donde se analizó el comportamiento histórico de algunas variables climáticas: como la temperatura máxima y mínima, la humedad relativa y la precipitación durante un período histórico de diez años (2013-2022). y comparado con el año 2023. Esta investigación se realizó con información recibida del Ministerio de Telecomunicaciones, Tecnologías de la Información y Comunicación Social. Instituto Nacional de Meteorología y Geofísica Departamento Provincial de Meteorología de Cunene, donde se obtuvieron datos de temperatura máxima y mínima, humedad relativa y precipitación durante 11 años. La temperatura máxima promedio del año analizado (2023) tuvo un valor de 31.58 ºC, siendo inferior a la media histórica, lo que da un valor promedio anual de 34.7 ºC, la humedad mínima en el año analizado fue 17.2 ºC superior a la media histórica. (13,3 ºC), la humedad relativa del promedio histórico 52,7% fue superior a la del año analizado, 34,0%, las precipitaciones en ambos casos fueron bajas, aunque la del promedio histórico (37,5 mm) fue superior a la del año 2023 (32,6 mm). Se elabora un boletín agroclimático que brinda información detallada sobre las condiciones meteorológicas de la zona, así como elementos e información de utilidad para los productores que les permita tomar decisiones favorables en su producción. Asegurar que los productores estén actualizados en relación a estos temas, contando con información que les ayude a tomar decisiones respecto de los tipos de producción a sembrar y desarrollar en sus huertos, de manera que se minimice el daño económico para ellos.

Palabras clave: variabilidad, temperatura, humedad, precipitación,

ÍNDICE.

ÍNDICE DE CIFRAS

LISTA DE ABREVIATURAS Y SÍMBOLOS

Abreviatura	Significado
OMM	Organización Meteorológica Mundial.
IDEAM	Instituto de Hidrología, Meteorología y Estudios Ambientales.
CMMAD	Comisión Mundial sobre el Medio Ambiente y el Desarrollo.
PNUD	Programa de las Naciones Unidas para el Desarrollo.
PAA	Proyecto alimentario en Angola
DIPAF	Diagnóstico Integral Participativo de la Agricultura Familiar en la Provincia de Cunene, Angola
MTICS	Ministerio de Telecomunicacionesoes, Tecnologías de la Información y Comunicación Social.
AIPAEX	Agencia de Promoción de la Inversión Privada y de las Exportaciones.

I. INTRODUCCIÓN

El conocimiento y la información oportuna, realizados con un seguimiento continuo de las variables ambientales, son elementos esenciales para la toma de decisiones con fines de lucro para el desarrollo sostenible. Por lo tanto, toda información sobre vulnerabilidad, impactos y adaptación al cambio climático constituye un aporte positivo a la tarea en la que se encuentran involucrados los países de América Latina y el Caribe (IPCC, 2007a).

Durante el siglo XX, se informaron en varias zonas aumentos de temperatura, aumentos y disminuciones de las precipitaciones y cambios en la ocurrencia de eventos extremos. Los cambios en los episodios extremos incluyeron tendencias positivas en noches cálidas, lluvias intensas y días secos consecutivos. En los países de América Latina y el Caribe existe amplia evidencia de aumentos en la ocurrencia de estos eventos climáticos y del cambio climático, como los continuos episodios de sequías e inundaciones, el huracán Catarina en el Atlántico Sur y el número récord de huracanes que ocurrió en 2005 en el Caribe (IPCC, 2007a).

Algunos impactos negativos de estos cambios fueron el retroceso de los glaciares, un aumento en la frecuencia de las inundaciones, un aumento de la morbilidad y la mortalidad, un aumento de los incendios forestales, la pérdida de biodiversidad, un aumento de las enfermedades de las plantas, una reducción de la producción de ganado lechero y problemas con la generación hidroeléctrica (IPCC, 2007a).

África no ha estado exenta de estos eventos, durante las últimas décadas se ha producido un aumento de la variabilidad climática. Centelha et al., (1997) observaron en África un aumento de las temperaturas y un aumento significativo en el número o intensidad de las sequías, que no sólo duplicaron su frecuencia de ocurrencia, sino que también registraron un aumento considerable en el número de casos extremos.

Segundo Sánchez-Santilán et al., (2014), En los últimos dos años las precipitaciones han tenido un impacto positivo en la agricultura y en todos los ámbitos de la sociedad, este último año es el único que superó la media anual, en cualquier caso, no estamos exentos del cambio climático y de volver a sufrir una sequía severa, es necesario estar preparados ya que el riesgo está presente, ya que se reporta un aumento de la evaporación y de las temperaturas (entre 0,6 y 3,5 grados centígrados).

La tendencia al aumento de la sequía coincide con proyecciones futuras asociadas al cambio climático, ocurrido en el país durante el período 1961-1990, eventos de sequía moderada y severa, que se duplicó en el período 1931-1960, luego de 1990 se produjeron importantes eventos de sequía, con mayor incidencia en las provincias orientales. Las cinco provincias orientales fueron sometidas a fenómenos climáticos extremos durante los años 1998 – 2007, según estudios realizados por el Instituto de Planificación Física Sánchez-Santilán et al., (2014), La provincia de Cunene es una de las más vulnerables a la inseguridad alimentaria, durante este período el efecto de la sequía agrícola influyó gravemente en la agricultura de la provincia.

El municipio de Cuanhama en la provincia de Cunene no estuvo exento de los hechos anteriormente mencionados, por lo que necesita contar con información suficiente que permita a los actores sociales tomadores de decisiones tomar decisiones con rapidez y precisión.

En este sentido se declara como: Problema Científico: Insuficiencia en el sistema de información de variables climáticas que impiden a los productores del municipio de Cuanhama en la provincia de Cunene tomar mejores decisiones para los resultados de su producción.

De acuerdo a lo anterior, se presenta la siguiente hipótesis: "si se mejora el sistema de información para permitir la integración de las variables climatológicas del municipio de Cuanhama, se podrá contribuir a su uso eficiente en la toma de decisiones en el sector agrícola, dependiendo del desarrollo local.

En esta investigación el Objetivo General es: Proponer un boletín decenal que permita la integración de variables climatológicas en el municipio, de manera que contribuya al proceso de toma de decisiones de los tomadores de decisiones a nivel local.

se plantea como objetivos específicos:

1. Analizar el comportamiento histórico de las variables temperaturas, humedad relativa y precipitación en la zona de estudio en el periodo 2013-2022.
2. Elaborar un boletín decenal que contenga un sistema de información sobre variables climáticas favorables a los productores que puedan tomar decisioneseles en sus producciones.

II. RESEÑA BIBLIOGRAFICA

2.1. Variables climatológicas

La literatura internacional incluye diferentes métodos para determinar la influencia de las variables climáticas sobre la sequía, tanto meteorológicas como agrícolas, y entre ellos, el elemento climático más importante y habitualmente considerado es la variable precipitación. Algunos de ellos se basan en análisis mensuales de información meteorológica atmosférica. En aplicaciones agrícolas, un mes es un período muy largo y no adecuado para evaluar el déficit hídrico de las plantas en condiciones secas. (Villalpando, 2024).

Las lluvias pueden concentrarse en un determinado periodo del mes, creando así otros periodos más secos en el resto del mes, por lo que estudiar la influencia de la sequía agrícola, que puede ser crítica en determinadas fases del desarrollo vegetal, Recomendó organizar la información en periodos de diez años (10 días), para aumentar su precisión. Serrano et al., (2017).

Estos autores continúan explicando que Para determinar cuantitativamente la sequía meteorológica se utilizan índices climáticos que relacionan los elementos del tiempo atmosférico y el clima con la sequía. Muchos de ellos asocian la variable precipitación con la variable temperatura, la variable evaporación y otros elementos climáticos. Los índices agroclimáticos obtenidos a partir de variables climatológicas básicas indican, en general, la extensión e intensificación temporal, espacial de la sequía. Cualquier estudio y desarrollo del índice de sequía agrícola debe reflejar fiel y fielmente este complejo fenómeno.

También debe definir en qué medida las plantas se ven perjudicadas en su crecimiento y desarrollo, por las tensiones a las que han sido sometidas por el estrés por déficit de humedad y cuantificar en detalle la oferta y demanda de agua en el complejo al que estoy acostumbrado. atmósfera vegetal, por lo tanto, los índices de sequía agrícola se desarrollan fundamentalmente con base en las variables precipitación, evapotranspiración, evaporación, contenido de agua del suelo y estado de desarrollo de los cultivos. (Paneque y Habana, 1998).

En el contexto de la agricultura, la sequía "no comienza cuando cesa la lluvia, excepto cuando las raíces de las plantas no pueden obtener más humedad del suelo" y puede definirse sobre la base de la humedad del suelo y no sobre alguna interpretación indirecta de los registros de precipitación. Dado que la reserva productiva de humedad del suelo depende del carácter del suelo y del cultivo, hay sequía agrícola cuando la humedad del suelo en la rizosfera está en un nivel tal que limita el crecimiento y la producción de los cultivos (Paneque y Habana, 1998).

Según la Organización Meteorológica Mundial, hay sequía agrícola cuando la cantidad de precipitación y su distribución, las reservas de agua del suelo y las pérdidas por evaporación se combinan para provocar disminuciones considerables en el rendimiento de los cultivos y el ganado. El resultado de esto es una producción de alimentos deprimida, condiciones de pastoreo inadecuadas, una baja rentabilidad del trabajo y de las inversiones agrícolas, una menor disponibilidad de madera para la combustión, un mayor peligro potencial de que se produzcan incendios en la vegetación, un mayor riesgo de desertificación y el impacto social y consecuencias económicas vinculadas a la sequía, incluida la inseguridad en el suministro de alimentos. (Montenegro y Luján, 2018).

Cuando la disponibilidad de agua es inferior a las necesidades de la vegetación para satisfacer su crecimiento y desarrollo normal, aunque teóricamente hay agua disponible hasta el punto de la marchitez permanente, el consumo de agua por las plantas se reduce progresivamente a partir del límite productivo (menor valor del contenido de agua en el suelo, por encima del cual las plantas pueden alcanzar el máximo rendimiento, si no existen factores limitantes), hasta el punto de marchitez.

En este caso, la conductividad hidráulica del suelo no permite que el agua sea transportada con la suficiente rapidez hasta las raíces de las plantas para responder a la demanda de transpiración. La humedad del suelo se expresa por la cantidad de agua que contiene o también por la tensión en la que se retiene el agua. (Villalpando, 2024).

La primera expresión se utiliza para estudiar las pérdidas o ganancias de agua y la segunda para comprender el movimiento y disponibilidad del agua para las plantas. Como resultado de este balance obtenemos, a través de una hoja electrónica, Serrano et al., (2017), creado en el desarrollo del modelo para el cálculo del balance hídrico del suelo en la rizosfera, el índice de disponibilidad de agua para un punto de drenaje que abarca todo el país y cuyo paso es de 1 km de lado.

La relación cuantitativa entre este índice y la precipitación, la reserva de humedad productiva, las necesidades hídricas de las plantas y el estrés hídrico al que está sometida la vegetación, son las variables que dan lugar a la modelización para desarrollar un Índice agrometeorológico que permite determinar las condiciones de humedad formadas en la vegetación predominante en el área de estudio y otras cuestiones relacionadas con la humedad en diversos aspectos relacionados con la agricultura, reconocido por Gutiérrez y Anay (2019), Gosling y Arnell (2016)y jiménez et al.,(2004),como índice de humectación.

El monitoreo continuo de las condiciones del índice de humedad de una ubicación permite detectar la presencia de eventos extremos de sequía y humedad perjudiciales para la agricultura. La aplicación práctica del modelo generado por la FAO.(2010),yGyoo-Bum y otros, (2006), calcular el índice de sequía agrícola y evaluar, en el sistema de vigilancia agrometeorológica, el desarrollo de los procesos de este evento climático extremo en los diferentes episodios de sequía agrícola desde 1996 a la fecha,Chavarría et al., (2020)y fernando,(2020).indican que este modelo ha descrito con muy buena aproximación el inicio, extensión espacial, evolución, reducción del área afectada, debilitamiento, final y ausencia de sequía agrícola.

Sin embargo, la experiencia adquirida en el uso del modelo permitió calibrar la categoría de fin de sequía, haciéndola corresponder con la desaparición de las condiciones de estrés hídrico en la vegetación.

Sobre la base del seguimiento de los períodos de tiempo seco evaluados por el índice de humedad modificado de la FAO. (2007), y la escala propuesta porChavarría et al., (2020) lo que permite evaluar el inicio, fin y duración de la sequía agrícola, dependiendo de las condiciones de estrés hídrico que afectan la vegetación predominante en el área de estudio, se conceptualiza la evolución de la sequía agrícola en seis categorías que enumeramos a continuación según Fernando, (2020):

a) Corto período seco.

Esta categoría expresa que ocurrió un período seco en el cual la vegetación agotó la reserva productiva de humedad del suelo y permaneció en estrés hídrico de moderado a severo durante las siguientes dos décadas (categorías de índice de humedad muy seca o severamente seca). Sus efectos pueden corresponder, en términos de estrés hídrico a las plantas, con las categorías de sequía absoluta, período seco o sequía parcial.

b) Período seco moderado.

Corresponde a aquel período seco que mantuvo a la vegetación bajo estrés hídrico moderado o severo, por un período adicional de una década, a la categoría descrita anteriormente y cuya duración fue mayor o igual a tres décadas después del inicio del agotamiento hídrico del suelo.

c) Inicio de la sequía agrícola.

Comprende aquel período seco que mantuvo a la vegetación sometida a estrés hídrico moderado o severo, por un período adicional de una década, a la categoría anteriormente descrita y cuya duración fue mayor o igual a cuatro décadas después del inicio del agotamiento hídrico del suelo. Este período temporal, suficientemente largo, se corresponde con el inicio de la sequía meteorológica en el Sistema de Vigilancia de Sequías realizado por el Centro del Clima.

d) Permanencia de la sequía agrícola.

Esta categoría indica el establecimiento de una sequía agrícola. La sequía agrícola, en este caso, mantuvo a la vegetación sometida a estrés hídrico moderado o severo, por un período adicional de una década, a la categoría ya descrita anteriormente y su duración fue mayor o igual a cinco décadas después del inicio de la sequía en el suelo. agotamiento.

e) Fin de la sequía agrícola.

Se inicia con la primera década, entre dos décadas consecutivas, donde se presentan condiciones húmedas después de un período seco, y puede haber un período seco entre ellas que provoca un ligero estrés hídrico a las plantas (el contenido de agua del suelo no permite la plantas para satisfacer sus necesidades hídricas, es decir, la humedad productiva del producto es menor que el volumen de agua que almacena en el límite productivo y es mayor o igual a la mitad del contenido de agua que almacena cuando esta en el limite productivo, es decir, no extrae agua del suelo fácilmente, ni a altas tensiones.

La vegetación, en estas condiciones, casi satisface sus necesidades hídricas y extrae agua del suelo con ciertas limitaciones, crece con algunas dificultades y esto reduce ligeramente su crecimiento y producción de biomasa).

f) Ausencia de sequía agrícola.

Corresponde a aquel período en el que las condiciones agrometeorológicas no se traducen en periodos secos o sequías. En este caso, las plantas pueden obtener rendimientos económicamente aceptables e incluso alcanzar sus rendimientos máximos.

Según los resultados de investigaciones del Centro Climático del Instituto de Meteorología, en las últimas tres décadas la temperatura del aire ha aumentado 0,6 °C, ha aumentado la presencia de tormentas severas, acompañadas de fuertes vientos y descargas eléctricas, y ha aumentado la frecuencia e intensidad de sequías y sequíasIDEAM-UNAL (2018).

En las condiciones climáticas de Angola existen dos períodos estacionales muy diferentes entre sí, el lluvioso y el poco lluvioso. En general, la temporada de lluvias coincide con el verano. Allí se acumulan aproximadamente las tres cuartas partes de la precipitación total anual. La falta de precipitaciones durante este período puede caracterizar el inicio o la presencia de sequía meteorológica, aunque no se presentan condiciones de estrés en las plantas, ya que la vegetación durante este período, en condiciones secas, muchas veces es capaz de satisfacer sus necesidades hídricas o ser muy seca. cerca de esto, al consumir la reserva de agua del suelo.

En el período de escasas precipitaciones, la vegetación en condiciones secas acostumbra a no cubrir sus requerimientos de humedad y prevalecen condiciones estresantes para la vegetación, aunque no existe un déficit de precipitaciones que provoque sequía meteorológica Inzunza, (2023).

La temperatura es otra variable climática importante con evidencia científica, tanto a escala global como hemisférica, regional y subregional, de un aumento de la temperatura del aire en superficie durante las últimas décadas, y que este aumento está relacionado con las emisiones antropogénicas de gases de efecto invernadero. Este aumento tiene implicaciones para la sostenibilidad porque causa impactos negativos en la mayoría de los sectores socioeconómicos y en los ecosistemas, con los consiguientes efectos sobre la biodiversidad (PNUD, 2007).

2.2. El clima, sus variaciones y cambios

El clima es dinámico y presenta variabilidad intrínseca. El término variabilidad se utiliza para indicar separaciones de las estadísticas climatológicas en períodos de meses, estaciones o años, con respecto a estadísticas de diferente duración referidas a un mismo período (mes, estación o año) y se mide mediante estas separaciones conocidas como anomalías. Cuando se observan diferencias entre las estadísticas de largo plazo de los elementos climáticos calculadas para diferentes períodos, pero relativas a una misma área, se dice que estamos en presencia de cambio climático (CMMAD, 1987).

Según Guzmán-Castellanos et al., (2014), el clima es el resultado de las interacciones complejas de muchos componentes, su comportamiento es muy dinámico y no lineal. En las últimas décadas, una mayor atención internacional se ha centrado en el tema de la variabilidad climática, en la misma medida que se han producido anomalías climáticas extremas en muchas regiones del planeta, que incluyen intensos y extensos procesos de sequía, severos y devastadores eventos lluviosos, temperaturas extraordinariamente cálidas.

años y muchos otros fenómenos que provocaron importantes impactos humanos y materiales en muchos países, llegando en algunos casos a la clasificación de desastres de inmensas proporciones.

La mejor estrategia de defensa ante anomalías climáticas extremas es la preparación frente al riesgo, es decir, la adopción práctica de medidas de combate proactivas o anticipatorias, que tengan en cuenta la probable repetición del fenómeno en cuestión y sus características de manifestación, vulnerabilidad de los elementos expuestos, etc. Esto evita sorpresas y, en consecuencia, medidas reactivas o improvisadas, que muchas veces resultan contraproducentes e incompatibles con el principio de sostenibilidad (Llacza et al., 2016).

El clima ha sufrido muchos cambios en el pasado. Los datos geológicos correspondientes a milenios anteriores y los registros instrumentales indican que las variaciones climáticas siempre han existido, llegando a veces a ser extremas.

Hay pruebas de que los cambios climáticos producidos en los últimos dos millones de años provocaron que el ganado, las reses y el ganado emigraran a medida que avanzaban o retrocedían hacia los glaciares. Se ha demostrado que dentro de estos grandes trastornos climáticos existen otras fluctuaciones más rápidas que se producen en escalas cronológicas de cientos de años, y que son mucho más importantes para la humanidad por sus consecuencias inmediatas (Duval y Campo, 2017).

¿Qué es el cambio climático?

Un cambio climático se produce cuando la temperatura del sistema Tierra-atmósfera, definida como la temperatura media global cerca de la superficie terrestre, está determinada por el equilibrio entre la radiación solar entrante (de longitud de onda corta) y la radiación saliente, que comprende parte de la radiación solar reflejada (onda corta) y radiación infrarroja terrestre (longitud de onda ancha). En escalas de tiempo largas (décadas o más) existe un equilibrio entre la energía entrante y saliente. (Villalpando, 2024).

Esto significa que la temperatura del sistema Tierra-atmósfera permanece aproximadamente constante en estas escalas temporales. Si se modifica este equilibrio (el desequilibrio llamado forzamiento radiativo), entonces el sistema responde al forzamiento radiativo e intenta restablecer el equilibrio cambiando su temperatura (uribeyAlberto,2017; Vinet y Zhedanov, 2010)

Los procesos que producen forzamiento radiactivo se conocen como factores de forzamiento externo, que pueden ser naturales o antropogénicos. Un ejemplo de forzamiento externo natural puede ser un cambio en la energía emitida por el sol, mientras que un ejemplo de forzamiento externo antropogénico (de origen humano) es el refuerzo del efecto invernadero.

El efecto invernadero es un proceso natural que provoca el calentamiento de la superficie terrestre y de la atmósfera inferior. Se origina por la presencia en la atmósfera de gases que tienen la capacidad de absorber y reemitir la radiación terrestre.

El vapor de agua, el dióxido de carbono, el metano, el óxido nitroso, los clorofluorocarbonos y el ozono troposférico absorben la mayor parte de la radiación emitida por la superficie terrestre, por lo que la presencia de estos gases se convierte en una "trampa" para la radiación terrestre reteniendo la mayor parte del calor transportado por esta radiación con el consiguiente calentamiento de la superficie terrestre y de la atmósfera inferior.

Estos gases actúan de forma similar al cristal de una casa de invernadero, por eso llamamos a este fenómeno efecto invernadero y gases de efecto invernadero a los gases que lo producen. Gracias a este efecto, la temperatura del planeta es de 15 °C y no de −18 °C, es decir, 33 °C superior al gas de efecto invernadero que no estaría presente en la atmósfera, lo que dificulta la existencia de las formas de vida actuales en el planeta Tierra. (Usuarios, 2012)

Hasta hace poco, los cambios climáticos estaban asociados únicamente con fuerzas naturales externas. Sin embargo, hoy está claro que, debido a los patrones de desarrollo utilizados, el hombre puede cambiar el clima de la Tierra, produciendo un refuerzo del efecto invernadero. Debido a la combustión de combustibles fósiles se emiten grandes cantidades de dióxido de carbono a la atmósfera, y se estima que tras la revolución industrial del siglo XVIII las emisiones de este gas aumentaron exponencialmente. También se liberaron a la atmósfera cantidades importantes del mismo gas como resultado de la deforestación y otras actividades humanas (Clemente *y otros,* 2016).

2.3. El fenómeno de la sequía

La sequía, en primera instancia, es un fenómeno climático provocado por una reducción de las precipitaciones que se manifiesta lentamente, afectando a las personas, las actividades económicas y el medio ambiente en general. En el sentido más amplio, un evento de sequía ocurre cuando la disponibilidad de agua dulce, proveniente de la lluvia, ríos, estanques, conchas subterráneas (todas las fuentes), está continuamente por debajo de los valores habituales (Wlemente *y otros,* 2016).

SegundoVillalpando (2024), El fenómeno de la sequía puede evaluarse desde diferentes puntos de vista, ya sea por las condiciones climáticas que intervienen en ella, como precipitaciones, temperatura, evaporación, etc., o por sus consecuencias agrícolas, hidrológicas o económicas. Así se pueden establecer cuatro tipos principales de sequías: meteorológicas, agrícolas, hidrológicas y sociales o económicas. El primero está relacionado con las condiciones climáticas y los tres últimos con las consecuencias.

a) *Sequía meteorológica:* Ocurre cuando la precipitación es mucho menor de lo esperado en un área amplia y durante un período prolongado.
b) *Sequía hidrológica:* Ocurre cuando hay un déficit continuo en la escorrentía superficial alcanzando un nivel por debajo de las condiciones normales o cuando el nivel de las aguas subterráneas disminuye.
c) *Sequía agrícola:* cuando la cantidad de precipitación y su distribución, las reservas de agua del suelo y las pérdidas por evaporación se combinan para causar disminuciones considerables en el rendimiento de los cultivos y el ganado.
d) *Sequía social o económica:* Se atribuye a efectos naturales pero también sociales. Está representada por la escasez de agua inducida por un desequilibrio entre la oferta y la demanda de este recurso.

En las últimas décadas, el fenómeno de la sequía ha sido uno de los riesgos climáticos más agravados a nivel mundial. Se han producido sequías frecuentes y persistentes tanto en regiones desarrolladas como en desarrollo, causando graves impactos en sus economías, sociedades y el medio ambiente en general. Entre los desastres naturales, se considera que la sequía es uno de los que afectan a un mayor número de personas. (PNUMA, 2008).

Segundo (Clemente *y otros,* 2016), cada territorio, de acuerdo al comportamiento de este fenómeno, desarrollará una política de adaptación basada en un proceso estructurado que permita la elaboración de estrategias, políticas y medidas de adaptación para asegurar la el desarrollo humano frente a la variabilidad y el cambio climático. Vincular la adaptación al cambio climático con el desarrollo sostenible y las cuestiones ambientales globales. Permitiendo complementar las políticas existentes en los países en desarrollo, incluyendo procesos de evaluación, desarrollo y seguimiento de proyectos.

Basado en cuatro principios básicos:

a) Las políticas y medidas de adaptación deben evaluarse en el contexto del desarrollo.

b) La adaptación a la variabilidad climática a corto plazo y a los fenómenos extremos se incluye explícitamente como un paso hacia la reducción de la vulnerabilidad al cambio climático a largo plazo.
c) La adaptación ocurre en diferentes niveles de la sociedad, incluido el nivel local.
d) La estrategia de adaptación y los procesos a través de los cuales se implementa son igualmente importantes.

2.4. Ciencia del cambio climático

Desde el inicio del planeta, la interacción del sol, la luna, la atmósfera, la hidrosfera, la capa terrestre y otros componentes planetarios fue constante y dinámica. El clima del planeta nunca ha sido estático, al contrario, las interacciones entre todos sus componentes han dado lugar a diferentes formas y periodos. Los cambios en las variables climáticas no permitieron o limitaron la existencia biológica de varias especies (Maderey y Jiménez, 2001, Sófocleo, 2002 y Núñez y Núñez, 2011).

A lo largo de la historia, el clima ha sido uno de los factores determinantes para el desarrollo de los sistemas físico-naturales y la evolución de las sociedades. La configuración climática dio lugar a la accesibilidad al agua dulce, la diversificación biológica, la habitabilidad de determinadas regiones y los ciclos agrícolas. La configuración de la suerte es sensible a las modificaciones naturales y humanas. Estos cambios dan lugar a desequilibrios en la interacción de elementos y sistemas que retroalimentan el clima del planeta, provocando cambios regionales y globales en los sistemas físico-naturales. Dado que el clima es variable, el cambio significativo del clima en comparación con el clima histórico del planeta se conoce como cambio climático. (Villalpando, 2024).

Los registros climáticos mundiales de los siglos XX y XXI informan cambios significativos en el sistema climático global, especialmente en relación con la temperatura promedio del planeta. Durante el período 1880-2012 se observó un aumento promedio de 0,85 °C. (Sepúlveda, 2020).

El ritmo y la duración de este calentamiento han sido mayores que en cualquier otro momento del último milenio; los últimos 30 años son más cálidos que cualquier otro período desde 1850. La última evaluación científica mundial del cambio climático, presentada en 2013, da un 95% de seguridad. Es cierto que la actividad humana es la principal causa del calentamiento observado desde mediados del siglo XX (.Martínez y Patiño, 2012).

Asimismo, se constata el calentamiento de la atmósfera y de los océanos, la disminución de los glaciares y de las capas de nieve y hielo, el aumento del nivel del mar y el aumento de las concentraciones de gases de efecto invernadero (GEI).

Este capítulo aborda los componentes del sistema climático global. Teniendo en cuenta los diferentes escenarios de emisión de gases de efecto invernadero, se describen los factores relacionados con el cambio climático como consecuencia de las actividades humanas, los cambios observados y las proyecciones futuras, según los diferentes escenarios de emisión.

Cambio climático

Durante las últimas dos décadas, el cambio climático ha sido un tema de conversación y preocupación cotidiana para muchos sectores económicos y sociales, pero también es un tema que no se considera importante, no sólo para muchas personas, sino para algunos sectores económicos. El cambio climático afecta a todos los sectores económicos y sociales, incluyendo ciertamente la agricultura y la producción de alimentos. Posiblemente una de las razones por las que no se le da la debida importancia es porque no se entiende realmente en qué consiste y cómo afecta a cada sector económico. Este artículo presenta las causas del cambio climático, cómo impacta en la agricultura y algunas medidas para reducir su impacto en la producción agrícola (Villalpando. 2024).

¿Qué es el cambio climático?

El cambio climático tiene su origen en la mayor emisión de gases de efecto invernadero al inicio de la era industrial. Esta situación se ha acentuado desde los años 1970. Los gases de efecto invernadero causantes del calentamiento global son principalmente el CO2, el metano y los óxidos de nitrógeno. El sector agrícola contribuye aproximadamente 1/3 del total de emisiones de gases de efecto invernadero, mediante el uso de fertilizantes nitrogenados, la deforestación, la ganadería y el cultivo de arroz mediante el método de inundación. FAO (2010).

Si bien la agricultura también es un sector que ayuda a capturar CO2 mediante la siembra de cultivos anuales y perennes, podría aumentar aún más su contribución mediante la reforestación y la reducción de fertilizantes nitrogenados. El calentamiento global provoca, a largo plazo, un aumento gradual de la temperatura en la atmósfera cercana a la superficie terrestre, y a corto plazo, una alteración de los patrones climáticos, principalmente temperatura y precipitaciones. Este desorden climático se manifiesta con la ocurrencia de eventos extremos de lluvia y temperatura, de magnitud y épocas del año que no estábamos acostumbrados a observar, FAO (2007).

A corto plazo, el efecto del calentamiento global sobre el clima de África se manifestó con un aumento de la temperatura, aproximadamente a partir de la década de 1990 y esta tendencia continúa aumentando hasta la fecha.

En cuanto a la lluvia, los cambios que se observaron son:

1) mayor variabilidad en las precipitaciones totales entre años en varias regiones del país, provocando períodos de sequía, y
2) mayor variabilidad en la distribución estacional y anual.

Esta situación afecta y seguirá afectando a la producción agrícola tanto en condiciones de tormenta como en régimen de riego, ya que las emisiones de gases siguen aumentando, a pesar de los compromisos internacionales en la materia acordados por la mayoría de los países. En pocas palabras, el cambio climático es el resultado de una alteración del clima, que ya no sigue los patrones tradicionales que estábamos acostumbrados a observar y, en cambio, es mucho más variable.

2.5. Impacto del cambio climático en la producción agrícola (Miyamoto, 2017; IPCC, 2014).

El cambio climático afecta la producción agrícola de diferentes maneras. El impacto suele ser negativo en:

I) precipitaciones más variables en el espacio y el tiempo, provocando escasez de agua para la agricultura temporal y también para la agricultura de riego;

II) ocurrencia de altas temperaturas que causan estrés térmico a los cultivos y aumentan la demanda de agua. En otros casos, sin embargo, el cambio climático puede ser beneficioso, por ejemplo, el aumento de CO2 aumenta la producción de especies de cultivos como frutales, trigo, frijol y otros, siempre y cuando los cultivos tengan suficiente humedad en el suelo y buenas condiciones. nutrición.

Además, el aumento de la temperatura media en algunas regiones ha permitido ampliar la frontera agrícola de algunos cultivos, como el limón y el aguacate, a regiones templadas que ahora tienen una temperatura menos fría.

A continuación, se enumeran varios ejemplos del impacto del cambio climático en la producción agrícola.

- ✓ Las tormentas más variables debido al cambio climático impactan en los cultivos de tormenta por la irregularidad en su inicio, su duración y la cantidad de lluvia que aportan.
- ✓ Las precipitaciones irregulares también impactan el uso de insumos agrícolas como fertilizantes, variedades de cultivos y el uso de productos químicos para apoyar los cultivos, entre otros.
- ✓ La mayor variabilidad y escasez de lluvias durante el ciclo del cultivo provoca estrés hídrico en las plantas, corta el ciclo vegetativo y reduce el rendimiento, especialmente si se produce durante la floración y plena floración de los cultivos alimentarios.
- ✓ La escasez e irregularidad de las precipitaciones es más pronunciada en suelos con poca retención de humedad y bajos niveles de materia orgánica.
- ✓ La mayor variabilidad de las precipitaciones impacta el suministro de agua de las presas y su disponibilidad de agua para la agricultura de riego.
- ✓ El aumento de temperatura acorta el ciclo vegetativo de los cultivos (días hasta floración, madurez) y eventualmente reduce el rendimiento.
- ✓ El aumento de la temperatura máxima provoca estrés térmico en diferentes niveles, por ejemplo, los días con una temperatura máxima superior a 30 °C provocan estrés térmico a cultivos como aguacate, trigo y otros. Los días calurosos también aumentan la demanda de agua de los cultivos.
- ✓ El aumento de la temperatura mínima reduce la disponibilidad de horas de frío para cultivos frutales como manzano, durazno, nogal y otros, así como para la producción de trigo de invierno, especialmente en la región de Sonora y Baixio. El aumento de las temperaturas mínimas (nocturnas) también impacta negativamente en otros cultivos que se producen en regiones tropicales, como el mango y el maíz.
- ✓ La ocurrencia de lluvias asociadas a mayores temperaturas en épocas inoportunas, debido al cambio climático, suele estar asociada a la aparición de enfermedades y plagas.

Medidas de adaptación al cambio climático para reducir su impacto en la producción agrícola

1. La producción agrícola frente al cambio climático requiere implementar medidas de adaptación para reducir su vulnerabilidad en la producción de alimentos.
2. ¿Qué pueden hacer los agricultores y las autoridades del sector ante tal paradigma?

3. En primer lugar, hay que decirlo, la producción agrícola ya no puede ni debe realizarse siguiendo las recomendaciones de un "paquete tecnológico" ajeno a la información climática. Las fechas de siembra, las variedades de cultivos, las prácticas de protección contra plagas, enfermedades y dolencias, la cantidad de agua de riego y los niveles de fertilización estarán, en mayor o menor medida, afectados por las condiciones climáticas que se experimenten durante el ciclo de cultivo. Por lo tanto, la agricultura ya no debería practicarse repitiendo el mismo "paquete tecnológico" cada año.
4. Los productores deben esperar información periódica sobre las condiciones climáticas esperadas para cada ciclo agrícola. Esta información incluye predicciones climáticas estacionales y mensuales, la ocurrencia de eventos climáticos de El Niño o A Menina y pronósticos climáticos de 7 días durante el ciclo de crecimiento.
5. Promover prácticas de conservación de la humedad del suelo y la incorporación de materia orgánica al suelo como medidas de mediano y largo plazo para mitigar el impacto de la variabilidad de las precipitaciones.
6. Utilizar variedades de cultivos tolerantes al estrés hídrico o térmico según las condiciones climáticas esperadas, como medida de adaptación para reducir el impacto en la producción.

Durante las últimas décadas se ha producido en África un aumento de la variabilidad climática, se ha observado un aumento de las temperaturas y un incremento significativo en el número o intensidad de las sequías, estas no sólo han duplicado su frecuencia de ocurrencia, sino que también han registrado una considerable aumento del número de casos extremosHernández (2014) y Promis e Ibarra (2010).

Tendencias observadas en el clima de África, teníaun impacto negativo apreciable en un amplio espectro de actividades socioeconómicas, muy especialmente en el sector agrícola. Los eventos extremos asociados al ENSO (O Menino – Oscilación del Sur 97/98), tuvieron un efecto similar en el sector agrícola y fueron una de las causas de una reducción en la producción de abarrotes y otros rubros de gran interés económico para el país (METRO Enrique, 2015) y Oñate (2012).

Estos notables eventos adversos estaban ocurriendo con mayor frecuencia durante el principal período agrícola del país (época fría). Sin embargo, hay cultivos y ganadería que se benefician dependiendo de la magnitud de estos eventos extremos y del estado de desarrollo en el que se encuentren. No hay duda de que las precipitaciones localmente intensas dañan la mayoría de los cultivos establecidos en un momento determinado, sin embargo, el agua de escorrentía recogida en una captura puede garantizar la cosecha de nuevos cultivos. (PNUMA, 2008).

Las preocupaciones relacionadas con los aspectos antes mencionados guiaron toda una serie de estudios encaminados a comprender los agentes causales de los desastres que se estaban produciendo en la agricultura y posteriormente, al establecimiento de sistemas de vigilancia que, si bien no actúan ante eventos extremos, proporcionaron la creciente cultura entre los usuarios de la información meteorológica.

La emisión de alertas tempranas sobre eventos extremos logró incorporar el conocimiento meteorológico a las tácticas y medidas operativas que los tomadores de decisiones agrícolas deben tomar rutinariamente para mitigar y minimizar los efectos adversos del tiempo y el clima. SegundoOñate (2012), La estrategia de adaptación temprana se reafirma como una de las mejores opciones para mitigar el cambio climático.

SegundoSuárez (2009), al concluir sus estudios sobre Variabilidad, Impactos y Adaptación Climática, señalaron que "es de capital importancia para la sociedad profundizar la conciencia sobre los diferentes elementos de la variabilidad climática en África, sus extremos y la magnitud de sus impactos. Sólo así habrá mayores posibilidades de predecir sus impactos y, en consecuencia, habrá mejores posibilidades de establecer planes de desarrollo que consideren estos factores.

La sequía es el desastre que afecta al mayor número de personas en todo el mundo. Puede provocar migraciones masivas a las ciudades, contribuir a la inseguridad alimentaria y afectar el suministro de alimentos a la población. También afecta a los servicios de diferentes sectores, principalmente salud y educación, y favorece condiciones potencialmente peligrosas para incendios en la vegetación Hassan (2010).

La integración de conceptos teóricos sobre la evolución de la sequía agrícola y las condiciones de peligro potencial de incendios en la vegetación, extendidos mediante la aplicación de Sistemas de Información Geográfica, a todas las regiones del país, constituye un valioso herramienta que permitió evaluar el riesgo climático que origina la presencia de estos eventos climáticos extremos producidos por las variaciones climáticas, Gutiérrez y Pons (2006).

2.6. El clima de Angola (Taller de Desarrollo, 2011).

Angola es un país del África intertropical, con un clima marcado por la alternancia de estaciones, con una estación seca, que se produce de mayo a septiembre, y una estación lluviosa, de octubre a abril. Esta peculiar situación geográfica se produce porque Angola está situada en la zona intertropical y subtropical del hemisferio sur y cerca del mar. La corriente fría y seca de Benguela genera lluvias raras, que van desde la costa hasta la meseta central. En Angola, la temperatura es más alta durante la temporada de lluvias, alcanzando su máximo en marzo.

La estación seca representa la estación fría, comúnmente conocida como cacimbo, y alcanza su punto máximo en los meses de junio y julio. El frío es menos intenso en la costa y aumenta de intensidad a medida que se avanza hacia zonas de mayor altitud. En la meseta central, la temperatura desciende por debajo de los 10 grados centígrados y puede alcanzar los 5 grados. La temperatura media anual es de 27 grados y la mínima de 17 grados. Esta diversidad climática corresponde al potencial turístico representado por un patrimonio natural rico en flora y fauna diversa, que permite la práctica de todo tipo de actividades, como el ocio y la aventura.

Clima y tiempo medio durante todo el año en Ondjiva, Angola(MTTICS, 2019)

En Ondjiva, la temporada de lluvias es mayormente nublada, la temporada seca es mayormente despejada y hace mucho calor durante todo el año. A lo largo del año, la temperatura generalmente varía de 10 °C a 37 °C y rara vez baja a menos de 7 °C o sube a más de 39 °C.

En apoyo de la puntuación de playa/piscina, las mejores épocas del año para visitar Ondjiva para realizar actividades en climas cálidos son del 21 de abril al 29 de abril y desde finales de agosto hasta mediados de octubre.

Clima primaveral en Ondjiva Angola.

Fuente:https://pt.weatherspark.com/s/78292/0/Condi%C3%A7%C3%B5es-meteorol%C3%B3gicas-m%C3%A9dias-na-primavera-em-Ondjiva-Angola.12- 04-2024.

Las temperaturas máximas diarias rondan los 35 °C, rara vez bajan de los 30 °C o superan los 39 °C. La temperatura máxima diaria promedio más alta es de 37 °C el 11 de octubre (figura 1).

Las temperaturas mínimas diarias aumentan 6°C, de 15°C a 21°C, y rara vez caen por debajo de 12°C o superan los 23°C.

Como referencia, el 10 de octubre, el día más caluroso del año, las temperaturas en Ondjiva generalmente oscilan entre 19°C y 37°C, mientras que el 5 de julio, el día más frío del año, oscilan entre 10°C y 28°C. .

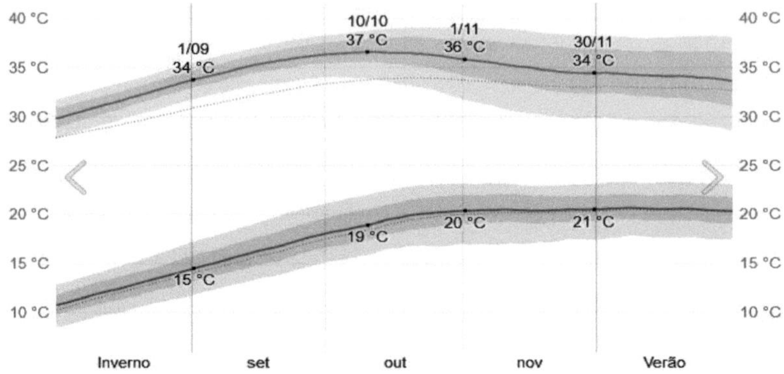

Temperaturas medias máximas (línea roja) y mínimas (línea azul), con rangos del percentil 25 al 75 y del percentil 10 al 90. Las finas líneas de puntos son las correspondientes temperaturas medias percibidas.

Figura 1: Temperatura máxima y mínima promedio en la primavera

La siguiente figura (figura 2) muestra una caracterización compacta de las temperaturas medias horarias durante la primavera. El eje horizontal indica el día y el eje vertical indica la hora. El color es la temperatura promedio para esa hora de ese día.

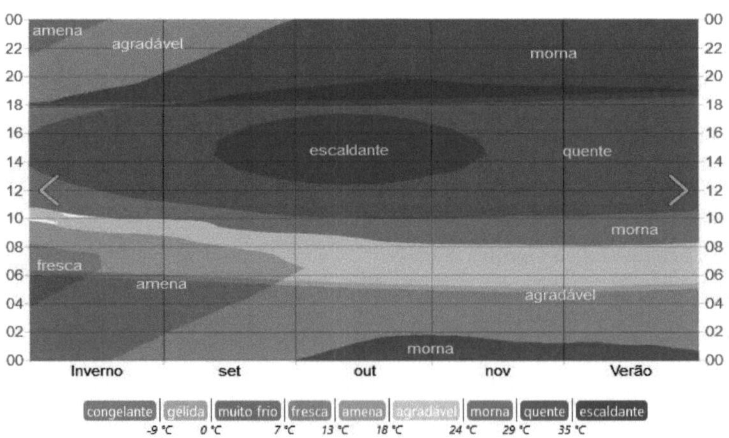

La temperatura media horaria, codificada en bandas de colores. El crepúsculo civil y la noche se indican mediante zonas sombreadas.

Figura 2: Temperatura promedio por hora en la primavera

Nubes

En primavera en Ondjiva, la nubosidad (figura 3) aumenta dramáticamente. El porcentaje de tiempo que el cielo está nublado o mayormente nublado aumenta del 11% al 58%.

El día más despejado en primavera es el 5 de septiembre, con cielos despejados, mayormente despejados o parcialmente nublados el 89% del tiempo. Como referencia, el 28 de enero, día más nublado del año, la probabilidad de cielo cubierto o mayormente nublado es del 73%, mientras que el 12 de junio, día menos nublado del año, la probabilidad de cielo despejado, casi despejado o parcialmente cubierto. el aumento es del 93%.

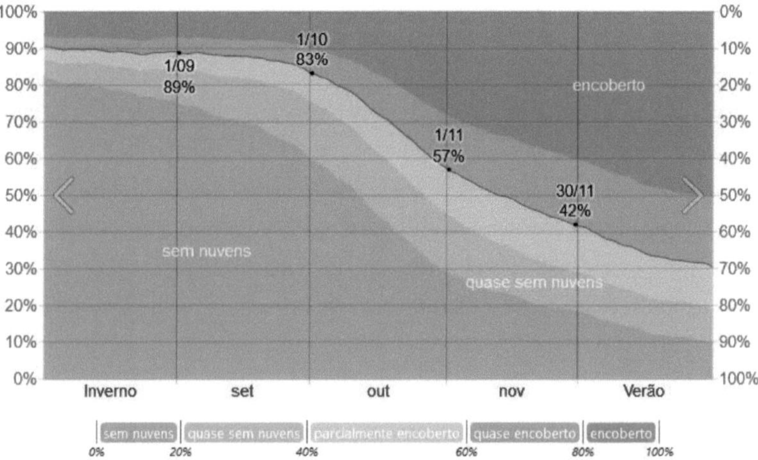

La temperatura media horaria, codificada en bandas de colores. El crepúsculo civil y la noche se indican mediante zonas sombreadas.

Figura 3: Categorías de nubosidad en la primavera

Precipitación

Se considera día con precipitación aquel en el que la precipitación líquida mínima o equivalente líquido es de 1 milímetro. En Ondjiva, la probabilidad de un día mojado durante la primavera aumenta muy rápidamente, que comienza en 0 % y termina en 24 %. Como referencia, la probabilidad más alta del año de tener un día mojado es el 43 % el 26 de enero, y la probabilidad más baja es el 0 % el 22 de julio. (figura 4)

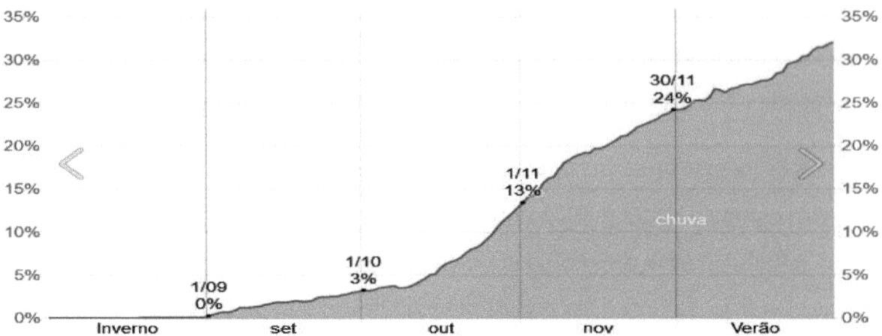

Porcentaje de días en los que se observan varios tipos de precipitaciones, salvo cantidades insignificantes: sólo lluvia, sólo nieve y mixtas (lluvia y nieve en el mismo día).

Figura 4: Probabilidad de precipitación en primavera

Lluvia

Para demostrar la variación dentro de la temporada y no solo los totales mensuales, mostramos la precipitación acumulada durante un período continuo de 31 días alrededor de cada día (figura 5). El promedio de lluvia móvil durante 31 días en la primavera en Ondjiva aumenta rápidamente, comenzando la estación con 2 milímetros, cuando rara vez excede 5 milímetros y terminando la temporada con 15 milímetros, cuando rara vez excede 35 milímetros, cuando rara vez excede 3 milímetros. pulgadas, o menos de 6 milímetros.

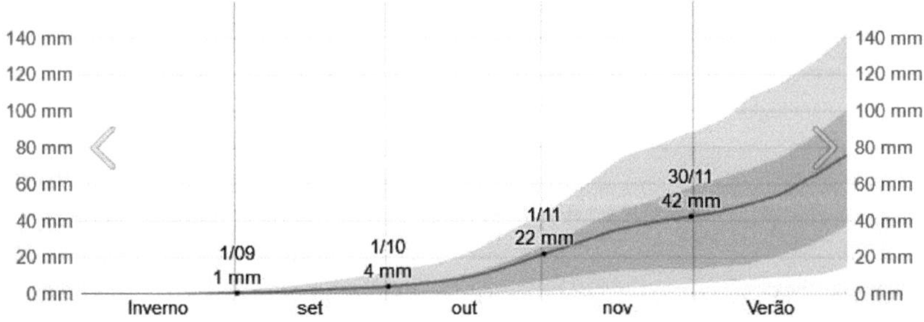

Precipitación promedio (línea continua) acumulada durante el período continuo de 31 días que rodea al día en cuestión, con rangos del percentil 25 al 75 y del 10 al 90. La delgada línea de puntos es la nevada promedio correspondiente.

Figura 5: Precipitación mensual promedio en la primavera

Sol

Durante el transcurso de la primavera en Ondjiva, la duración del día aumenta rápidamente. Desde el principio hasta el final de la temporada, la duración del día aumenta en 1 hora y 17 minutos, lo que resulta en un aumento diario promedio de 51 segundos y un aumento semanal de 5 minutos y 59 segundos. El día más corto de la primavera es el 1 de septiembre, con 11 horas y 47 minutos de luz solar. El día más largo es el 30 de noviembre, con 13 horas y 4 minutos de luz solar (figura 6).

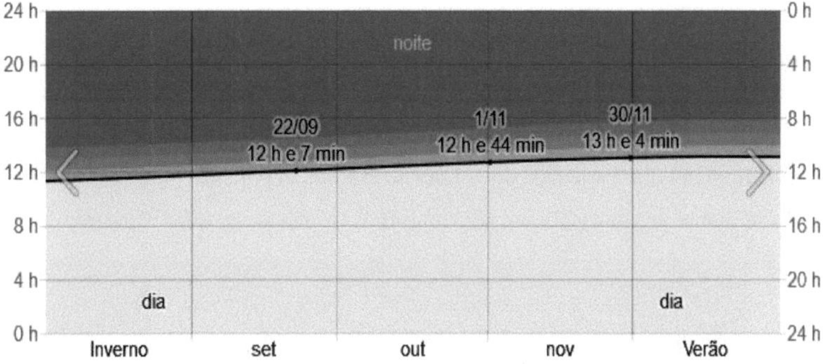

Número de horas que el sol es visible (línea negra). De abajo (más amarillo) a arriba (más gris), las bandas de colores indican: luz solar total, crepúsculo (civil, náutico y astronómico) y noche total.

Figura 6: Horas de luz natural y crepúsculo en primavera

El amanecer más tarde en la primavera en Ondjiva es a las 6:03 el 1 de septiembre y el amanecer más temprano es 50 minutos más temprano a las 5:13el 24 de noviembre. La primera puesta de sol es el 1 de septiembre, a las 5:50 p. m., y la última puesta de sol ocurre 27 minutos más tarde, a las 6:17 p. m., el 30 de noviembre. No se observa el horario de verano en Ondjiva durante 2024.

Como referencia, el 21 de diciembre, el día más largo del año, el sol sale a las 05:20 y se pone 13 horas y 9 minutos más tarde, a las 18:29, mientras que el 20 de junio, el día más corto del año, sale el sol. a las 6:25 am y se pone 11 horas y 7 minutos después, a las 5:32 pm.

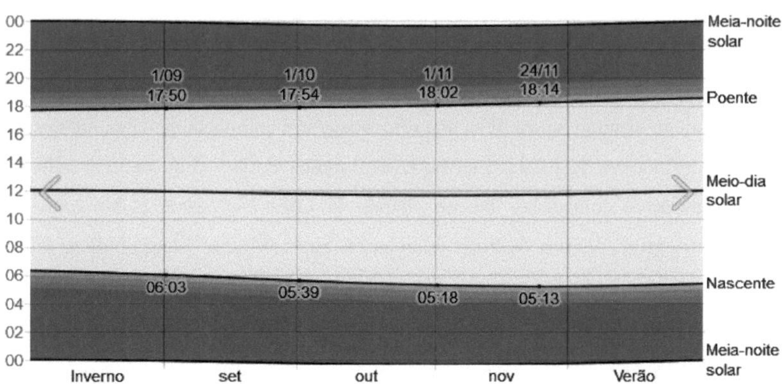

El día solar en primavera. De abajo hacia arriba, las líneas negras son la medianoche solar anterior, la salida del sol, el mediodía solar, la puesta del sol y la siguiente medianoche solar. El día, el crepúsculo (civil, náutico y astronómico) y la noche se indican mediante bandas de colores que van del amarillo al gris.

Figura 7: Amanecer y atardecer con crepúsculo en la primavera

La siguiente figura (figura 8) muestra una representación compacta de la elevación del sol (el ángulo del sol sobre el horizonte) y el azimut (la lectura de la brújula) para cada hora de cada día en el período del informe. El eje horizontal indica el día del año y el eje vertical indica la hora del día. Para cada día y hora de ese día, el color de fondo indica el acimut del sol en ese momento. Las isolíneas son contornos de elevación solar constante.

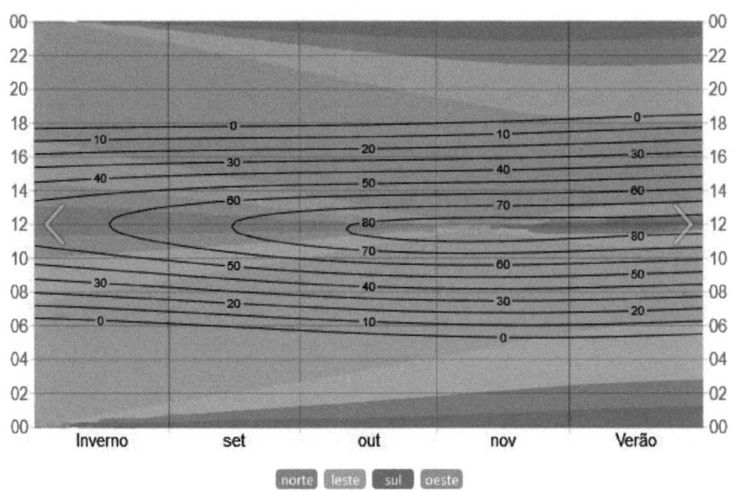

Elevación solar y azimut en la primavera de 2024. Las líneas negras son líneas de elevación solar constante, es decir, el ángulo del sol sobre el horizonte, en grados. Los fondos de colores indican el azimut (lectura de la brújula) del sol. Las áreas más tenues en los límites de los puntos cardinales indican las direcciones intermedias implícitas (noreste, sureste, suroeste y noroeste).

Figura 8: Elevación solar y azimut en primavera.

Luna

La siguiente figura (figura 9) es una representación compacta de datos lunares importantes para la primavera de 2024. El eje horizontal indica el día y el eje vertical indica la hora del día. Las áreas coloreadas indican cuando la Luna está sobre el horizonte. Las barras verticales grises (Lunas Nuevas) y las barras azules (Lunas Llena) indican las principales fases de la Luna. La información asociada a cada barra indica el día y la hora en que se alcanza la fase y la información horaria relacionada indica los tiempos de las mismas. salida y puesta de la Luna al intervalo de tiempo más cercano en el que la Luna está sobre el horizonte.

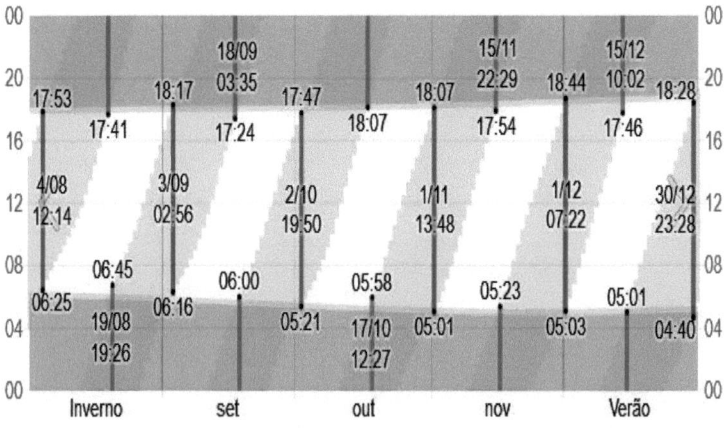

El tiempo que la Luna permanece sobre el horizonte (área azul claro), como lo indican las Lunas Nuevas (líneas grises oscuro) y las Lunas Llenas (líneas azules). El crepúsculo civil y la noche se indican mediante zonas sombreadas.

Figura 9: Salida, puesta y fases de la luna en la primavera

Humedad

Basamos el nivel de comodidad de humedad en el punto de rocío, ya que determina si la transpiración se evaporará de la piel y, en consecuencia, enfriará el cuerpo. Los puntos de rocío más bajos provocan una sensación más seca. Los puntos de rocío más altos provocan una sensación de mayor humedad. A diferencia de la temperatura, que generalmente varía significativamente del día a la noche, el punto de rocío tiende a cambiar más lentamente. Entonces, si bien la temperatura puede bajar por la noche, un día bochornoso suele ir seguido de una noche bochornosa.

La probabilidad de que un día determinado sea bochornoso en Ondjiva aumenta gradualmente durante la primavera, y aumenta del 0 % al 3 % en el transcurso de la estación. Como referencia, el 6 de marzo, el día bochornoso del año, las condiciones son bochornosas el 25% del tiempo. El 21 de mayo, el día menos bochornoso del año, las condiciones son bochornosas el 0% del tiempo (figura 10).

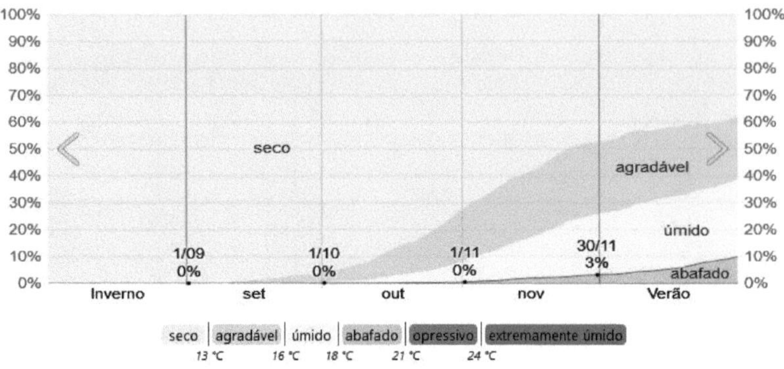

El porcentaje de tiempo pasado en varios niveles de comodidad de humedad, categorizado por punto de rocío.

Figura 10: Niveles de comodidad de humedad en la primavera

vientos

Esta sección analiza el vector de viento promedio por hora (velocidad y dirección) en un área amplia a 10 metros sobre el suelo. La sensación del viento en un lugar determinado depende en gran medida de la topografía local y otros factores. La velocidad y dirección del viento en un instante varían mucho más que los promedios horarios (figura 11).

La velocidad promedio del viento por hora en Ondjiva disminuye rápidamente durante la primavera, con una disminución de 15,1 kilómetros por hora a 11,4 kilómetros por hora durante el transcurso de la estación. Como referencia, el 15 de julio, día con vientos más fuertes del año, la velocidad media del viento del día es de 15,3 kilómetros por hora, mientras que el 7 de marzo, día con menos vientos del año, la velocidad media del viento es de 15,3 kilómetros por hora. La velocidad en el día es de 10,6 kilómetros por hora. La velocidad media máxima diaria del viento primaveral es de 15,3 kilómetros por hora el 7 de septiembre.

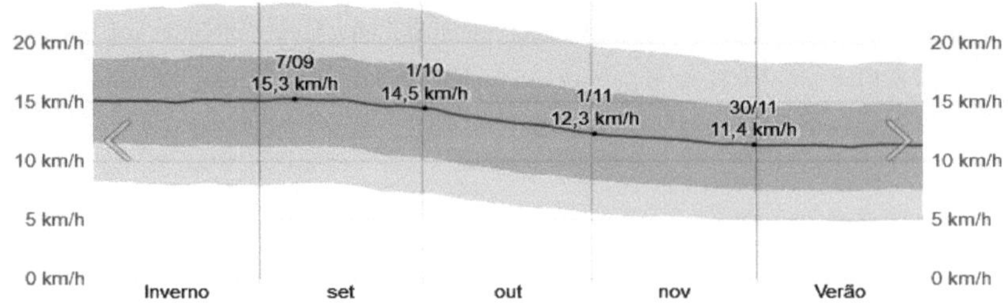

Velocidad media horaria del viento (línea gris oscura), con rangos del percentil 25 al 75 y del percentil 10 al 90.

Figura 11: Velocidad media del viento en primavera

La Figura 12 muestra que la dirección promedio del viento por hora en Ondjiva en primavera es predominantemente del este, con la proporción más alta del 64 % el 1 de septiembre.

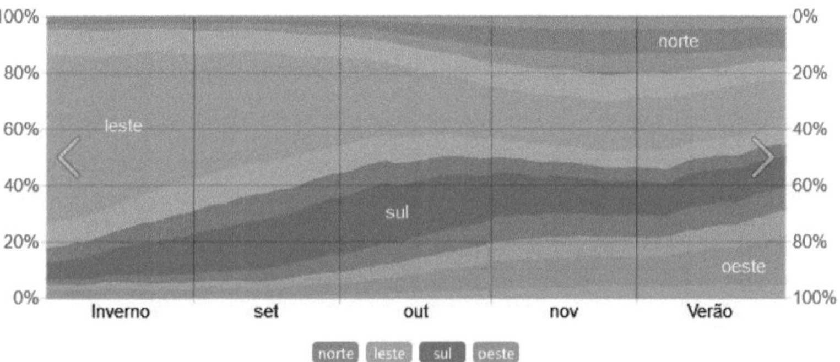

El porcentaje de horas en las que el viento tiene una dirección promedio de cada una de las cuatro direcciones cardinales, excepto las horas en las que la velocidad promedio del viento es inferior a 1 milla por hora. Las áreas más grises en las intersecciones indican el porcentaje de horas pasadas en las direcciones intermedias implícitas (noreste, sureste, suroeste y noroeste).

Figura 12: Dirección del viento en primavera

Temporada de crecimiento

Las definiciones de temporada de crecimiento varían en todo el mundo. A los efectos de este informe, nuestra definición es el período continuo más largo del año en el que las temperaturas no son heladas (≥ 0°C) (el año calendario en el hemisferio norte y del 1 de julio al 30 de junio en el hemisferio sur). Las temperaturas en Ondjiva son lo suficientemente cálidas durante todo el año como para que tenga sentido analizar el periodo de cultivo desde esa perspectiva. Sin embargo, hemos incluido el siguiente gráfico como ilustración de la distribución de temperaturas durante el año (figura 13).

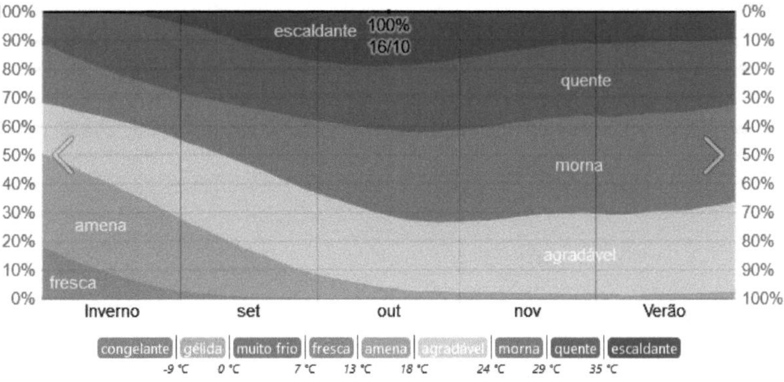

El porcentaje de tiempo pasado en los distintos rangos de temperatura. La línea negra es el porcentaje de probabilidad de que un día determinado pertenezca a la temporada de crecimiento.

Figura 13: Tiempo que se pasa en distintas bandas de temperatura y temporada de cultivo en la primavera

Los grados día son una medida de acumulación anual de calor utilizada para predecir el desarrollo de animales y plantas, definiéndose como la integral del calor por encima de la temperatura base, descartando cualquier exceso por encima de una temperatura máxima. En este informe utilizamos una base de 10°C y una máxima de 30°C. Los grados día de crecimiento promedio acumulados en Ondjiva aumentan muy rápidamente durante la primavera, con un aumento de 1,404 °C, de 616 °C a 2,020 °C en el transcurso de la estación. (figura 14).

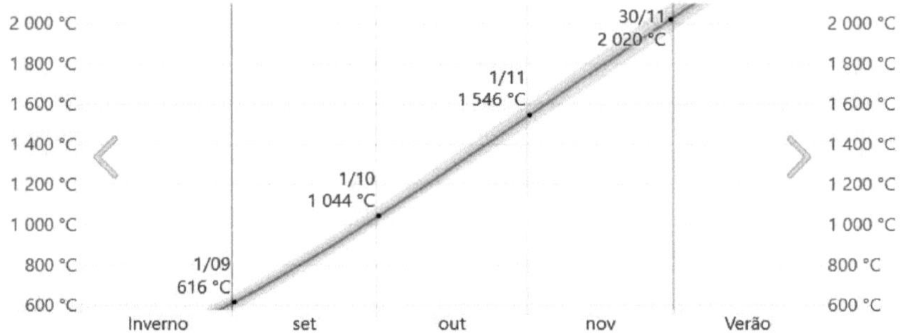

Grados día promedio acumulado durante la primavera, con rangos percentiles del 25 al 75 y del 10 al 90.

Figura 14: Grados día de crecimiento en la primaveraWinter

Energía solar

Esta sección analiza la energía solar de onda corta incidente diario total que llega a la superficie del suelo en un área amplia, teniendo en cuenta las variaciones estacionales en la duración del día, la elevación del sol sobre el horizonte y la absorción por las nubes y otros elementos atmosféricos. La radiación de onda corta incluye la luz visible y la radiación ultravioleta. La energía solar de onda corta incidente diario promedio en Ondjiva aumenta gradualmente en la primavera, y aumenta en 0,6 kWh, de 6,5 kWh a 7,2 kWh en el transcurso del mes. La energía solar de onda corta incidente diario promedio más alta en primavera es de 7,4 kWh el 11 de octubre (figura 15).

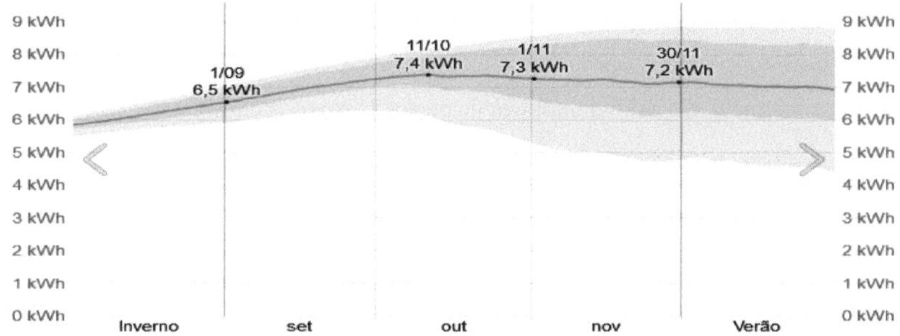

Promedio de energía solar de onda corta que llega al suelo (línea naranja), por metro cuadrado, con rangos del percentil 25 al 75 y del 10 al 90.

Figura 15: Energía solar de onda corta incidente diario promedio en la primavera

Topografía

Para fines de este informe, las coordenadas geográficas de Ondjiva son latitud: -17,067°, longitud 15,733° y elevación: 3500 pies. La topografía en un radio de 3 kilómetros de Ondjiva es básicamente plana, con un desnivel máximo de 11 metros y una altitud media sobre el nivel del mar de 1.114 metros. Dentro de un perímetro de 16 kilómetros, la superficie también es básicamente plana (28 metros). Dentro de un perímetro de 80 kilómetros, la zona es básicamente plana (85 metros). El área dentro de un radio de 2 millas de Ondjiva está cubierta por pastizales (92%); en un perímetro de 16 kilómetros, por potrero (90%). Finalmente, dentro del perímetro de 80 kilómetros, por pasto (81%).

Acerca del término sistema de información

El fin de la información y su importancia como recurso indispensable para la sociedad ha sido abordado por múltiples autores en diferentes circunstancias y contextos, ya que se ha convertido en un factor esencial para la acción humana en la sociedad moderna (Harrell, 2001).

La literatura especializada presenta diversidad de definiciones respecto a este término debido a los diferentes enfoques que presenta la actividad humana, lo que resultó en la falta de consenso entre los autores para encontrar una definición única, formalmente reconocida o con un enfoque generalizador.

Según Rosales (2001), esta diversidad de definiciones puede deberse a factores relacionados con el ser humano, al desarrollar sus ideas, teorías y conceptos, estando bajo la influencia de su experiencia personal en el campo del conocimiento donde incurre y, por tanto, , presenta diferentes puntos de vista; el contexto en el que se realizan los estudios (tiempo, espacio y condiciones concretas), que imponen diferentes percepciones entre los sujetos; y diferencias en la intencionalidad o actitud implícita de personas cuyos propósitos son específicos.

Según Pernía y Fornés (2009), un sistema de información es un conjunto integrado de procesos, principalmente formales, desarrollados en un entorno usuario-ordenador que, operando sobre un conjunto de datos estructurados (base de datos) de una organización, recopilan, procesan y distribuir selectivamente la información necesaria para el normal funcionamiento de la organización y las actividades propias de su gestión.

La información es un agente importante en la modificación de la conducta existente en la organización, su correcta gestión es una herramienta fundamental para la toma de decisiones, capacitación del personal, evaluación de productos, determinación de errores y control de procesos, de ahí que se considere un recurso intangible vital para el desarrollo de la organización. organización (Villalpando, 2024).

Desarrollar y actualizar periódicamente un sistema de información sobre inseguridad y vulnerabilidad alimentaria que indique las zonas y poblaciones a nivel local que sufren o están en riesgo de sufrir hambre y desnutrición y los elementos que contribuyen a la inseguridad alimentaria, aprovechando al máximo los datos y otros existentes. sistemas de información, permitió el desarrollo del VAM, Análisis y Cartografía de la vulnerabilidad a la inseguridad alimentaria en Angola (Montenegro y Luján, 2018).

El potencial de desarrollo de este territorio se basa en los resultados que ofrecen los indicadores de diagnóstico vistos desde la perspectiva de la capacidad de resiliencia, es decir, la capacidad de recuperación del ecosistema agrícola teniendo en cuenta el grado de explotación en el que ha estado, está o estará. estar sometido y está íntimamente relacionado con la vulnerabilidad del ecosistema agrícola que puede ser valorada en una escala de Alta, Media y Baja. (PNUD,2006).

Vulnerabilidad: la probabilidad de una disminución aguda en el acceso a los alimentos o en los niveles de consumo por debajo de algunos valores críticos. En los términos y propósitos con los que el PMA cumple su misión y orienta sus acciones hacia evaluaciones de vulnerabilidad a la inseguridad alimentaria, ésta se define como una medida adicional, para una determinada población o región, del riesgo de exposición a la inseguridad alimentaria y de la capacidad de la población para enfrentar sus consecuencias, el problema general a resolver está sustentado en la evaluación y quedó expresado como:

VULNERABILIDAD = RIESGO + CAPACIDAD DE RESPUESTA

El riesgo. Son procesos negativos o nocivos que se producen como consecuencia de los propios fenómenos naturales, o de la reacción del medio ambiente ante un manejo inadecuado que muchas veces el hombre puede hacer con él.

Factores de Riesgo: Elección de aquellos eventos que constituyen las situaciones de mayor impacto en la región y que son determinantes en la situación agroeconómica (Montenegro y Luján, 2018).

En este sentido, se identifican aquellos riesgos derivados de eventos meteorológicos extremos, a saber:

- ✓ Las sequías, como fenómenos que generalmente resultan de desequilibrios extremos entre la variable evaporación y la variable precipitación temporal y que han mostrado tasas de manifestación más comunes durante largos períodos.
- ✓ Procesos de desertificación, asociados al avance de fenómenos que degradan los recursos del suelo.
- ✓ Características del relieve, o la transformación antrópica del ambiente que produce pérdidas en la capacidad de drenaje natural del territorio o en la capacidad de absorción del suelo, con la ocurrencia de eventos meteorológicos que generan fuertes precipitaciones.

La selección de estos factores de riesgo se basó en el análisis de su probabilidad de ocurrencia, intensidad, extensión espacial y otras características particulares del fenómeno, de acuerdo con las series históricas disponibles y la información específica registrada al respecto (Villalpando, 2024).

El fenómeno de la sequía, en primera instancia, es un fenómeno climático provocado por una reducción de las precipitaciones que se manifiesta lentamente, afectando a las personas, las actividades económicas y el medio ambiente en general, es un evento que se presenta cuando disminuye la disponibilidad de agua dulce, proveniente de lluvia, ríos, estanques, conchas subterráneas (todas las fuentes), están continuamente por debajo de los valores habituales.

En el vocabulario Meteorológico Internacional (Montenegro y Luján, 2018), la sequía se define como "un período de condiciones meteorológicas anormalmente secas, lo suficientemente prolongado como para que la falta de precipitaciones cause un desequilibrio hidrológico grave. Riesgo de inundaciones. Las inundaciones, que generalmente son provocadas por lluvias torrenciales que acompañan a determinados fenómenos meteorológicos, constituyen una de las principales causas de daños importantes a la agricultura y la producción de alimentos en algunas zonas.

Otros problemas asociados a lo anterior, como las modificaciones del suelo provocadas por prácticas agrícolas inadecuadas, la tala de árboles, los incendios, la urbanización y otras intervenciones inadecuadas en el medio ambiente o combinaciones de las mismas, contribuyen a aumentar el riesgo de inundaciones. La capacidad de respuesta.

Es necesario precisar que este índice depende exclusivamente de factores climáticos y no toma en cuenta las características hidrofísicas de los suelos y la vegetación. Con toda esta información se elaboraría un Boletín de Monitoreo Agrometeorológico decenal, siendo una herramienta muy importante en la toma de decisiones en el sector agrícola. Elaboración de un boletín decenal de seguimiento agroclimático que recoja el comportamiento de las variables climáticas actuales y proporcione perspectivas para el próximo decenio, así como las condiciones agrometeorológicas para los diferentes cultivos.

III. MATERIALES Y MÉTODOS

3.1. Ubicación

Cuanhama es un municipio de la provincia de Cunene, en Angola, que tiene su sede en la ciudad de Ondijiva, siendo por tanto el municipio capital de dicha provincia. Tiene 20.255 km² y cerca de 211 mil habitantes. Limita al norte con el municipio de Cuvelai, al este con el municipio de Menongue, al sur con el municipio de Namacunde y al oeste con el municipio de Ombadja. El municipio está formado por la comuna sede, que corresponde a la ciudad de Ondijiva, y la integración de las comunas de Môngua, Evale, Nehone Cafima y Simporo.

3.2. Caracterización del desarrollo agrícola del municipio (AIPAEX, 2024)

el clima

Semidesértico, tropical seco; megatermal, con precipitaciones irregulares que no superan los 600 mm anuales. La temperatura media anual es de 23 grados centígrados, con grandes variaciones térmicas diarias. La mayor concentración de precipitaciones se produce entre los meses de diciembre y abril, con grandes irregularidades en su distribución.

Actividad agrícola

La agricultura es de secano, basada en cultivos de massango y massambala. Actualmente existen en la Provincia 51.650 explotaciones familiares con una superficie explotada de 77.475 ha. De los cuales el 43% se cultiva anualmente. La cría de ganado es bien conocida como la actividad productiva más importante de Cunene, estimada en más de 1.000.000 de cabezas de ganado. La mayoría de los rebaños son propiedad de criadores tradicionales y el rebaño se mantiene de forma extensiva utilizando pastos naturales que determinan la disponibilidad de agua en primer lugar y el potencial de carga de pastos. Las limitaciones periódicas de uno de estos factores provocan movimientos de rebaños de ganado vacuno hacia zonas de trashumancia que varían en el espacio y el tiempo.

La pesca artesanal juega un papel importante en el suministro de pescado a las poblaciones de las zonas rurales y contribuye a mejorar la dieta de las comunidades. Actividad practicada principalmente en el río Cunene con bajas tasas de captura debido al débil soporte de los artefactos de pesca (líneas, anzuelos, boyas, plomos, redes, etc.).

La realización de esta investigación forma parte del proyecto "Diagnóstico Integral Participativo de la Agricultura y Ganadería Familiar en la Provincia de Cunene, Angola" (DIPAF), que se desarrolla en cuatro municipios (Namacunde, Cuvelai, Ombanja y Cuanhama) de la Provincia de Cunene, ejecutado y coordinado por el Instituto Politécnico de Ondjiva.

El propósito es exponer el procedimiento metodológico que permite mejorar el Sistema de Información de variables climatológicas en el municipio de Cuanhama para que constituya una herramienta para la toma de decisiones por parte de los tomadores de decisiones sociales. Para realizar la investigación se sugieren los siguientes pasos metodológicos:

1. Selección del área en estudio.
2. Recopilación de información.
3. Procesamiento y análisis de información.
4. Elaboración del boletín decenal que contiene un sistema de información de variables climatológicas.

3.3. Selección del área en estudio.

Los criterios de selección de Cuanhama están relacionados con su condición de municipio rural, el predominio de actividades agrícolas, el impacto de eventos climatológicos adversos que lo convierten en un ecosistema frágil y con alta vulnerabilidad a la sequía, la desertificación y las inundaciones.

Por otro lado, el interés de las autoridades gubernamentales del territorio en solucionar el problema del desarrollo regional con un enfoque de sustentabilidad basado en la actividad agrícola. Estos criterios corresponden a los objetivos del proyecto DIPAF.

3.4. Recopilación de información

Para recolectar información se entrevistó a tomadores de decisiones sociales; fue necesario buscar información secundaria, a través de la revisión de documentos, datos de suelos y estudios realizados por otras organizaciones. Se definieron las siguientes variables meteorológicas y sus modalidades:

a) Temperatura variable:Es el valor registrado al momento de la lectura, es un índice indicativo del calentamiento o enfriamiento del aire que resulta del intercambio de calor entre la atmósfera y la tierra, indica en valores numéricos el nivel de energía interna. que se encuentra en un lugar en ese momento, además, se encuentra en equilibrio entre el sistema (plantas, animales, etc.) y el medio ambiente (aire) (Villalpando, 2024).

- ✓ *Temperatura máxima promedio:*se obtiene del máximo registrado dentro de los registros horarios de 24 horas que surgen de la lectura de la banda del termógrafo. Estos registros se comparan con la lectura máxima del termómetro de mercurio.
- ✓ *Temperatura mínima promedio:*se obtiene del mínimo registrado dentro de los registros horarios de 24 horas que surgen de la lectura de la banda del termógrafo. Estos registros se comparan con la lectura mínima del termómetro de alcohol.

b) Humedad relativa variable: la humedad se mide por el contenido de agua en la atmósfera, medido con un higrómetro. Pernía y Fornés (2009).

c) Precipitación: cualquier cantidad de agua meteórica recogida en la superficie terrestre. (Villalpando, 2024).

3.5. Procesamiento y análisis de información.

Para procesar la información de cada variable y sus modalidades, se creó una base de datos en Excel con información recolectada de las variables climáticas de los diez años analizados y el año de verificación, ver (anexo 1) lo que permitió la creación de gráficos de líneas con marcadores en con el fin de mostrar las tendencias en el tiempo y su comportamiento durante el periodo analizado.

3.6. Elaboración del boletín decenal que contiene un sistema de información de variables climatológicas

Este boletín tiene como objetivo desarrollar capacidades de información técnica en la exploración de actividades climáticas, para contribuir al mejoramiento de los sistemas de producción agrícola en el municipio de Cuanhama, sin deteriorar el medio ambiente.

Para el tratamiento de los datos obtenidos uSe utilizaron herramientas, que ayudaron en el análisis y procesamiento de resultados, se implementó Microsoft Excel en los valores de variables, indicadores y porcentajes y en la elaboración de cifras.

IV. RESULTADO Y DISCUSIÓN

El comportamiento del clima, especialmente en lo que respecta a la ocurrencia de eventos extremos, es de vital interés para la vida social humana. Sus consecuencias se reflejan en muy diversos campos de la economía nacional, pero muy especialmente en la agricultura, que puede considerarse como una gran fábrica a cielo abierto en la que todas las actividades que allí se desarrollan dependen del tiempo y el clima (Montenegro y Luján, 2018).

4.1. Comportamiento histórico promedio mensual de 2013 a 2022 de las variables climatológicas en la zona de estudio

4.1.1. Temperatura máxima

En cuanto a la variable de temperatura máxima promedio histórica, correspondiente al periodo 2013 – 2023 (diez años), se puede observar que los meses con temperaturas más altas correspondieron a los meses de enero, septiembre, octubre, noviembre y diciembre con valores tales como: 35.5, 37.9, 38.9, 38.7 y 37.4 °C respectivamente y que en el año que se compara (2023) los valores de temperatura máxima correspondieron a los meses de septiembre, octubre y noviembre con valores de 34.1, 37.1 y 33.3 °C (figura 16).

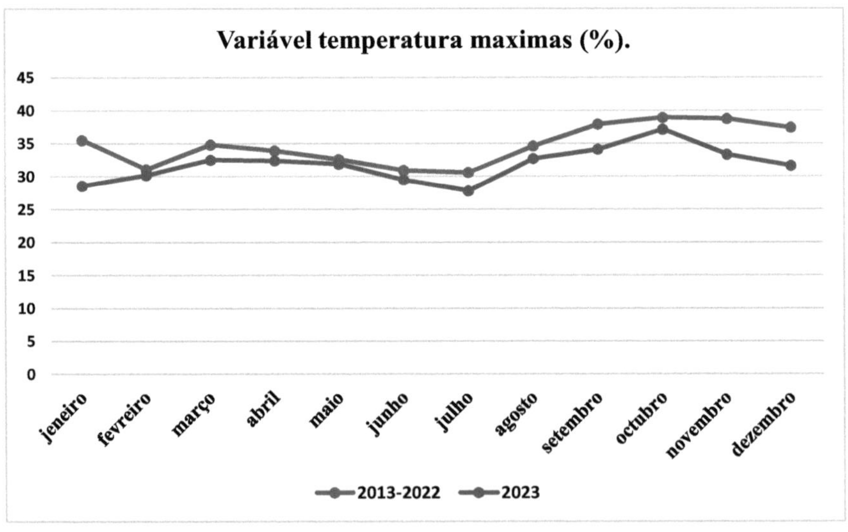

Figura 16: Análisis de la temperatura máxima del año 2023 en relación con la media histórica (2013-2022).

Los resultados mostrados en el año 2023 con relación al promedio histórico fueron inferiores en todos los meses, con resultados que oscilaron entre 0,9 °C y 6,9 °C, teniendo el promedio histórico una temperatura de 34,7 °C y en el año analizado 31,8 °C.

Symborg (2024), explica que la incidencia de las altas temperaturas es un fenómeno que llegó para quedarse como consecuencia del cambio climático y que afecta negativamente a las personas, a los animales y también a las plantas, por lo que, en los cultivos, los efectos del calor están muy ligados a Las disminuciones en la producción son consecuencia del estrés fisiológico y metabólico que provoca el cultivo. Temperaturas muy elevadas, por ejemplo, a partir de 40 °C, pueden provocar que los cultivos entren en parada metabólica, esta parada metabólica impide la transferencia de nutrientes, lo que repercute muy negativamente en el desarrollo de los frutos, que verán muy afectado su potencial de crecimiento. Limitado a alcanzar calibres comerciales. Se estima que un aumento de 1ºC en la temperatura media anual puede provocar una caída de la productividad en los cultivos de entre un 4 – 10%.

Además, es importante explicar, según este autor, que el "estrés abiótico" consiste en factores ambientales que alteran los procesos fisiológicos, morfológicos y bioquímicos de los cultivos, de estos factores abióticos el que más afecta el estrés de las plantas es la temperatura, tanto alto y bajo. De tal manera, se deben tomar medidas y adoptar prácticas agrícolas para reducir los efectos de las altas temperaturas, como, por ejemplo, mejorar la gestión del agua y utilizar tecnologías innovadoras como: la biotecnología, con soluciones biológicas desarrolladas a partir de microorganismos y biomoléculas. , ayuda a garantizar la productividad y rentabilidad de los cultivos de forma sostenible y respetuosa con el medio ambiente, incluso en condiciones adversas.

Donde con el uso de bioestimulantes apoyados en el exclusivo Hongo Formador de Micorrizas Arbusculares (HMA) Glomus iranicum var tenuihypharum. Este hongo establece una relación simbiótica de efecto duradero en la que el hongo intercambia agua y nutrientes con la planta a cambio de azúcares derivados de la fotosíntesis, las estomas de la planta se abren durante más tiempo, incluso en condiciones extremas. la planta puedecontinúan completando sus ciclos metabólicos y aumentando el tamaño de sus frutos.

4.1.2. Temperatura mínima

En el promedio histórico (2013-2022) analizado se observa que el promedio mensual en todos los meses fue inferior al promedio mostrado en el año 2023, valúrelo, pero los mínimos registrados en el promedio histórico fueron los meses de junio, julio y agosto, con valores fluctuando tras 6,5. 7,6 y 8,7 °C, con relación al año de comparación (2023) los valores más bajos también correspondieron a los mismos meses (junio, julio y agosto) con valores de 10,1, 9,9 y 13,5 °C respectivamente. (figura 17).

Los valores de temperatura mínima mostrados en el año comparativo (2023) fueron superiores en todos los meses a los mostrados en el semestre histórico (2013 – 2022), donde los valores fluctuaron entre 2 y 6,4 ºC superiores en todos los meses (figura 17).

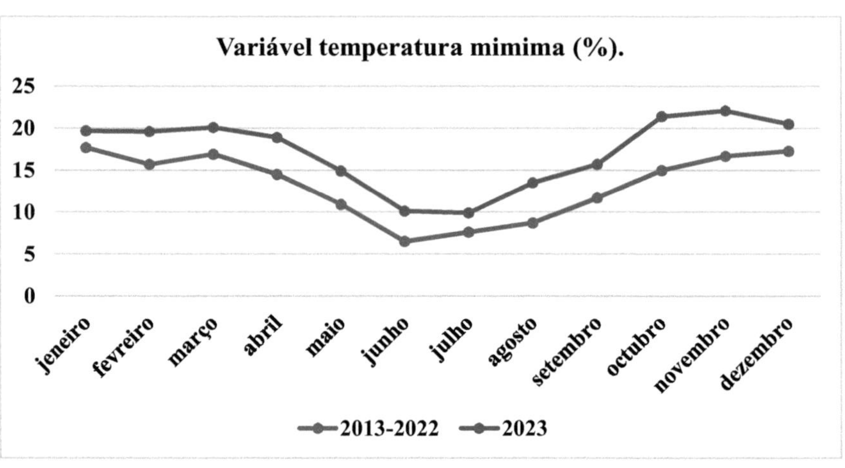

Figura 17: Análisis de la temperatura mínima para el año 2023 en relación con el promedio histórico (2013-2022).

Lo anterior corrobora lo que Vinhas et al., (2024), plantearon que, en el año 2023, la temperatura promedio de la superficie terrestre fue la más cálida registrada, según un análisis de la NASA. Las temperaturas globales del año pasado estuvieron alrededor de 1,2 grados Celsius (2,1 grados Fahrenheit) por encima del promedio para el período de referencia de la NASA (1951 a 1980), informaron científicos del Instituto Goddard de Investigación Espacial (GISS, por sus siglas en inglés) de la NASA en. Nueva York.

Esto corrobora el aumento de las temperaturas mínimas con relación a los históricos analizados, quedando por encima de estas, es decir, hay un aumento de las temperaturas mínimas, aspecto que influye en el desarrollo de los cultivos y animales en la agricultura.

Por otro lado, la FAO. (2024), explica que entre los factores climáticos que influyen en el cultivo y producción está la temperatura, la cual debe oscilar entre 18 - 25 °C (y la temperatura mínima promedio para el año 2023 se encontró en 17.2 ºC, lo que significa óptima para el desarrollo de los cultivos), para que la planta pueda crecer correctamente y producir su fruto con la mayor calidad y rendimiento posible. Por debajo o por encima de esta temperatura óptima, la planta no puede desarrollarse adecuadamente y es posible que el cultivo no realice su ciclo biológico normal y no alcance su máximo potencial de rendimiento.

Según la empresa Nutricontrol (2020), una de las acciones que debemos incrementar hoy en día es la producción de cultivos en invernaderos, como lo es el control de las condiciones climáticas para asegurar un mejor desarrollo de la planta, además interviene la temperatura (junto con otros factores como CO2, iluminación, etc.) en determinadas funciones como la apertura o cierre de estomas, que son esenciales en los procesos vitales de la fotosíntesis, la transpiración y la respiración de las plantas.

Si la temperatura dentro del invernadero aumenta, la cantidad de agua que se pierde por transpiración también aumenta y las estomas se cerrarán como método protector para evitar una pérdida excesiva de agua. Aunque este método de soporte puede tener un efecto negativo, ya que con las estomas cerradas se restringe la entrada de dióxido de carbono, fundamental para la fotosíntesis.

4.1.3. Humedad relativa

La humedad relativa tiene poca variación, manteniéndose un promedio anual de 52.7%, los meses con menores porcentajes de humedad relativa en el registro promedio histórico son agosto y septiembre (37.0 y 40.3) condicionando el aumento de la humedad debido a las lluvias que se presentan en el período, por una razón similar en los meses de invierno la humedad relativa es menor. (Figura 18).

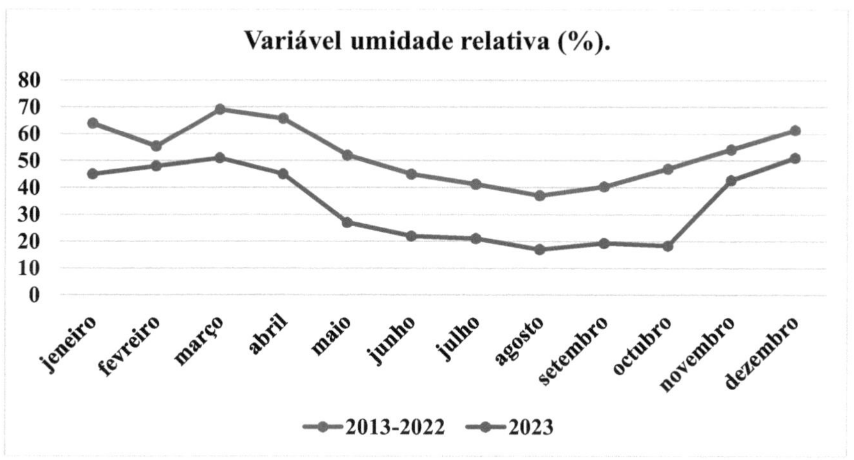

Figura 18: Análisis de la humedad relativa en 2023 en relación con el promedio histórico (2013-2022).

La humedad relativa, aunque baja en el promedio histórico correspondiente a los meses de junio a octubre (44.9, 41.2, 37.0, 40.3 y 47.0 %) y en el año 2023, los valores más bajos de humedad relativa correspondieron a los meses de mayo. a octubre (27,0, 22,0, 21,0, 17,0, 19,3 y 18,4%), Humedad favorable para el desarrollo del cultivo.

Esto corrobora lo expresado en Wikipedia (2013) de que la humedad relativa (HR) es la relación entre la presión parcial del vapor de agua y la presión de vapor de equilibrio del agua a una temperatura determinada. La humedad relativa depende de la temperatura y presión del sistema de interés. La misma cantidad de vapor de agua produce una humedad relativa mayor en el aire frío que en el aire caliente. Un parámetro relacionado es el punto de crucero.

4.1.4. Precipitación

La precipitación se comporta de manera inestable (figura 19): la norma pluviométrica anual en el territorio promedio histórico es de 449,5 mm como promedio, y en el año de estudio de 391,3 mm, siendo inferior al promedio histórico. En el período mayo – octubre las precipitaciones fueron inferiores a 22,9 mm para el récord histórico y a 18,5 mm en el año estudiado, cifra también inferior a la histórica.

Los valores más altos tanto de la historia (2013-2022) como del año analizado (2023) se encontraron en ambos casos en los meses de enero, febrero, marzo y diciembre con valores que fluctuaron históricamente en 78,2, 81,2, 114,2 y 78,4 mm respectivamente, mientras que en el año de estudio (2023) los mismos meses se comportaron de la siguiente manera: 68,3, 79,5, 97,1 y 68,9 mm, siendo inferior al promedio histórico en estos meses.

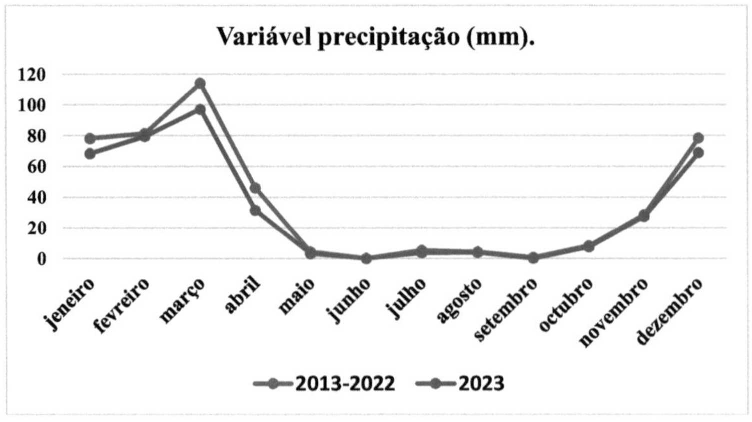

Figura 19: Análisis de la precipitación en el año 2023 en relación con el promedio histórico (2013-2022).

En cuanto a las precipitaciones, como se muestra en la figura 19, no se presentan precipitaciones muy altas en cada uno de los meses y en ambos casos coincide que los meses de menor precipitación corresponden a los meses de mayo a octubre, con un valor promedio histórico de 4,3, 0,1, 5,2, 4,3, 0,8 y 8,2 mm, con un promedio mensual de 37,5 mm y en el año 2023 los valores fueron de 3,1, 0,0, 3,7, 3,9, 0,2 y 7,6 mm, siendo menor un promedio mensual de 32,6 mm en el año, un poco muy desfavorable para la agricultura y cuando en zonas semiáridas depende tanto de ellas.

Según Gabo (2023), la cantidad y distribución de las precipitaciones afecta directamente el rendimiento y la calidad de los cultivos y juega un papel crucial en la gestión del agua en la agricultura. Las plantas necesitan agua para crecer y la lluvia es una fuente natural de este recurso. Cuando llueve, los suelos se humedecen y las raíces de las plantas pueden absorber los nutrientes esenciales y el agua necesarios para el crecimiento. La lluvia también contribuye a la fotosíntesis, un proceso vital para la producción de plantas. Las precipitaciones no solo aportan humedad a los cultivos, sino que también influyen en la gestión del agua. En las regiones donde las precipitaciones son estacionales, los agricultores deben planificar cuidadosamente cuándo sembrar y cosechar en función de los patrones de lluvia.

Fernández (2016), explica que las zonas áridas y semiáridas se caracterizan por tener un índice de precipitación promedio anual y una evapotranspiración potencial menor a 0,65. Esto indica un enorme desajuste entre la cantidad de agua que potencialmente puede pasar a la atmósfera por evapotranspiración y la cantidad de agua de lluvia que realmente reciben estas áreas. Estas regiones presentan una alta demanda evaporativa atmosférica que depende fundamentalmente de la radiación solar, la presión de vapor del aire y la velocidad del viento; Por tanto, en la mayoría de los casos, la evapotranspiración está limitada por la disponibilidad de agua en el suelo en relación con la demanda atmosférica.

El principal factor limitante en las zonas climáticas áridas y semiáridas es la disponibilidad de agua. La cantidad y la disponibilidad estacional de agua son fundamentales para la supervivencia y distribución de las plantas a largo plazo. Tradicionalmente, la clasificación de zonas áridas, semiáridas y húmedas se basaba únicamente en la precipitación media anual (Lloyd, 1986)

Según el boletín 79 de la FAO (2005), en este caso es muy importante aplicar acciones que favorezcan la retención de la humedad en el suelo, pero en estos casos de zonas semiáridas nos obliga a tomar medidas para mantener la humedad y obtener mejores desarrollos de las plantas, esto significa que podemos mantener los cultivos verdes y coloridos implementando algunas acciones simples que ayudan a mantener la humedad por más tiempo, como:

1) *Proteger los cultivos del viento.* El viento acelera la deshidratación de las plantas. Una forma de evitarlo es instalar cortinas rompibles, cerramientos u otros elementos que formen pantallas protectoras.
2) *Hacer canaletas de infiltración o chimpacas.* Esto permitirá que la tierra almacene agua y sobreviva a las sequías. Los canalones son muy funcionales para las colgantes porque reducen la pérdida de agua en un 85%. También tardan en caer el agua, dándole tiempo a ser absorbida por el suelo, como las llamadas chimpacas.
3) *Incorporar materia orgánica.* Complementar periódicamente el suelo con compost aporta materia orgánica, lo que aumenta su porosidad.
4) *Mantener lo que estoy acostumbrado a acolchar en verano e invierno.* Colocar una capa de 5 cm a 10 cm de follaje detiene la pérdida de humedad por evaporación.
5) *Usa hidrogeles.* Los hidrogeles, también conocidos como "retenedores de agua", son polímeros que tienen la capacidad de absorber hasta 400 veces su peso y producir grandes cantidades de agua y otras soluciones acuosas sin disolverse. Su uso en huertas, jardines y contenedores ayuda a mejorar la capacidad de retención de agua de los suelos, favoreciendo el crecimiento de las plantas.

Intentar cultivar plantas autóctonas es otro gran consejo a tener en cuenta. Estas podrán crecer con poca agua y en el suelo semiárido que caracteriza a nuestra provincia. De esta manera estaremos haciendo un uso más racional de los recursos, además de mantener nuestro entorno en su armonía natural.

4.2. Elaboración del boletín de seguimiento agrometeorológico cada diez años

Un sistema de información de variables climáticas junto con otra información que llegue a los productores es de vital importancia para obtener mejores resultados en su producción.

Objetivo general

Elaborar un boletín decenal que contenga un sistema de información sobre variables climáticas favorables a los productores que puedan tomar decisioneseles en sus producciones.

Justificación

La localidad de Ondjiva cuenta con zonas donde se encuentran diferentes sistemas de producción agrícola, que son un pilar tanto de la actividad económica como de la seguridad alimentaria local. La región se ve afectada por una alta variabilidad climática, a menudo extrema, que produce condiciones limitantes para la producción agrícola. Además, la falta de desarrollo y adopción de tecnologías apropiadas afecta la productividad. A esto se suma la existencia de infraestructuras deficientes y acceso limitado a los mercados.

La creación de este boletín no es un mecanismo de elementos fijos para informar, los fundamentales son las variables climáticas, pero en cada uno de ellos se mostraron aspectos positivos para que los productores puedan mejorar sus resultados productivos, además de brindar información favorable a las prácticas agroecológicas. y favor del cuidado del medio ambiente, así como métodos, preparación y aplicación de fertilizantes e insecticidas orgánicos y naturales en sus producciones, entre los diferentes aspectos que se informarán en este boletín, el cual siempre estará sujeto a comentarios positivos para su mejor comprensión.

Boletín

DEPARTAMENTO DE INGENIERÍA AGRONÓMICA.

BOLETÍN DECECNAL DE INFORMACIÓN AGROCLIMÁTICA MUNICIPIO DE CUANHAMA. PROVINCIA DE CUNENE.

3era DICIEMBRE JULIO/2024

RESUMEN DE DIEZ AÑOS

PRECIPITACIÓNES.

No hubo registros de precipitación en la década analizada.

La importancia está condicionada por el aumento de la sequía en el territorio, aspectos que inciden en la pérdida de la poca agua que se almacena en las diferentes chimbacas y se retiene en el suelo (la mínima).

Ante estas incidencias se toman medidas en los diferentes huertos con vistas a minimizar posibles pérdidas económicas en los cultivos, por estrés hídrico, medidas como:

el) Aplicar labranza mínima a los cultivos, evitando retirar la capa superficial del suelo para evitar el aumento de la humedad por actividad de evaporación.

b) La realización de actividades de cobertura vegetal es una práctica importante en el manejo agronómico de cualquier cultivo, especialmente de hortalizas, ya que normalmente son áreas pequeñas establecidas sobre suelos áridos, arenosos y con problemas de escasez de agua. Esta práctica consiste en asperjar zacate seco, follaje o residuos de. cosecha.

w) El aumento de materia orgánica en el suelo a través de cultivos de cobertura de leguminosas, mantillos y abono, en lugar de nitrógeno sintético, puede ayudar a absorber el agua de lluvia y desarrollar la capacidad del suelo para retener la humedad.

d) Aplicar riego de supervivencia, con vistas al ahorro. agua y poder reducir el estrés hídrico en el cultivo.

y) Proteger el suelo, evitando quemar la corteza de la planta.

F) Mantener estrictas medidas sanitarias (disposición de excrementos, basura, control de insectos, etc.)

HUMEDAD RELATIVA:

En la década fluctuó entre 28,1 – 36,7%, correspondiente a un bajo contenido de humedad.

TEMPERATURAS MÁXIMAS:

La temperatura máxima estuvo entre 26.5 y 31.4 °C, promediando alrededor de 29.4 °C, un poco alta para el desarrollo favorable de los cultivos ya que la temperatura óptima debe estar entre 18 - 25 °C para que la planta pueda crecer correctamente y dar sus frutos. .

La temperatura mínima oscila entre 7,5 y 17,1 °C, con un promedio de 12,74 °C.

PERSPECTIVAS AGROMETEOROLOGICAS 1 DE AGOSTO/2024.

1. Pronóstico similar de comportamiento en la 1ª década de agosto/2024.

ACCIONES FAVORABLES A LA AGRICULTURA.

a. Delimitar las zonas agrícolas con mástiles (frutales, madera, etc.) que sirvan de cortinas cortavientos y así reducir la velocidad del viento entre cultivos.
b. Incrementar el uso de beneficios orgánicos, logrando una agricultura ecológica.
c. Crear e incrementar el uso de insecticidas naturales a partir de soluciones locales como métodos preventivos para prevenir plagas y enfermedades.

FERTILIZANTES LIQUIDOS

El fertilizante líquido es un fertilizante líquido que se obtiene de la degradación de la materia orgánica en condiciones anaeróbicas, también surge del preparado líquido elaborado a partir de compost sólido o compostaje franco. Además de su efecto nutricional, se utiliza como pesticida natural y estimulador del crecimiento de las plantas para reponer nutrientes durante el ciclo de cultivo.

Uno de los suplementos líquidos fáciles de preparar son los suplementos de estiércol.

Preparación de té de estiércol.

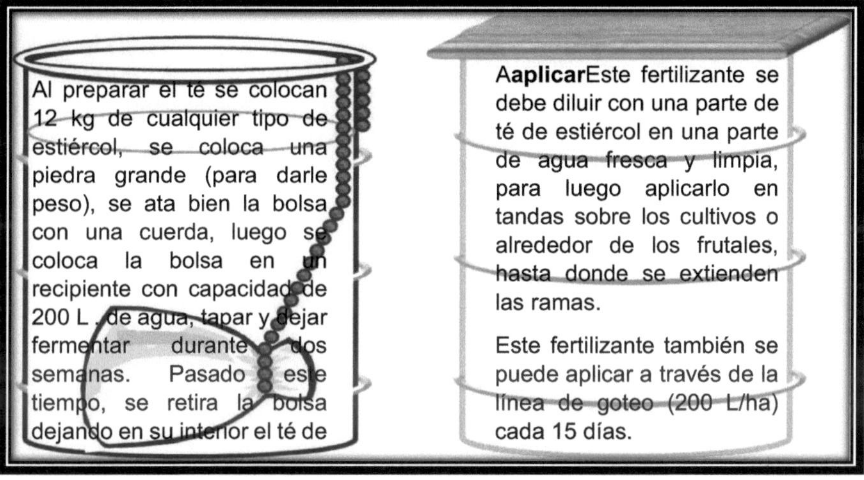

PROTEGER EL MEDIO AMBIENTE ESTÁ TRASCENDIENDO Y OBTENER MÁS COMIDA.

V. CONCLUSIONES

1. La temperatura máxima promedio del año analizado (2023) tuvo un valor de 31.58 ºC, siendo inferior a la media histórica, lo que da un valor promedio anual de 34.7 ºC, la humedad mínima en el año analizado fue 17.2 ºC superior a la media histórica. (13,3 ºC), la humedad relativa del promedio histórico 52,7% fue superior a la del año analizado, 34,0%, las precipitaciones en ambos casos fueron bajas aunque la del promedio histórico (37,5 mm) fue superior a la del año 2023 (32,6 milímetros).
2. Se elabora un boletín agroclimático que brinda información detallada sobre las condiciones meteorológicas de la zona, así como elementos e información de utilidad para los productores que les permita tomar decisiones favorables en su producción.

VI. RECOMENDACIONES

1. Establecer coordinación con el Centro Meteorológico Provincial para la actualización sistemática del Boletín de Monitoreo agroclimático cada diez años.
2. Extender el sistema de información desarrollado sobre variables climatológicas a la Delegación de Agricultura, Gobierno y Municipalidad provincial.
3. Continuar con los estudios de las restantes variables climatológicas para la creación del Sistema de Información Geográfica.

VII. BIBLIOGRAFÍA

AIPAEX (2024). Agencia de Promoción de la Inversión Privada y de las Exportaciones. Gobierno de Angola.https://www.aipex.gov.ao/PortalAIPEX/ - !/

Banco mundial.2008. Datos y estadísticas. Documentos de Internet. Disponible en: go.worldbank.org/WVEGH5U9W0

Cambridge, Reino Unido, **Prensa de la Universidad de Cambridge.**

Cirilo MCM, Candida LL, Yakov FCM (2021). Efecto de la temperatura y la precipitación sobre la agricultura en la cuenca Coata-Puno, Perú. Revista de Investigación en Ciencias Agrícolas y Veterinarias. https://doi.org/10.33996/revistaalfa.v5i14.118. mayo - Agosto 2021. Volumen 5, Número 14. ISSN: 2664-0902. páginas. 285 - 296

Comisión Mundial sobre el Medio Ambiente y el Desarrollo (CMMAD), (1987). Nuestro futuro común. Oxford, Reino Unido, Oxford University Press.

Chavarría. J., Uganda. M., Sabiendo. A., Munos. J, Bravo. R. y Villalón, A. (2020). Necesidades hídricas del fríjol de caupí (Vigna unguiculata (L.) Walp.). calculado con el coeficiente de cultivo mediante un lisímetro de drenaje. Ciencia. Agri. 17(3), 111-121. https://doi.org/10.19053/01228420.v17.n3.2020.11746

Clemente Ricse, Jimmy Francisco y DIPAS MEDRANO, Edinson (2016). Efectos del Cambio Climático en la tasa de crecimiento de la Producción de Papaya en el Valle del Mantaro: 2000-2014. Pág. 73.

Taller de Desarrollo (2011). Informe sobre el Impacto del Cambio Climático en Angola, Vulnerabilidad y Adaptación, Ministerio del Medio Ambiente, Luanda.

Diccionario de lengua española [en línea]. (2020). Disponible en: https://dle.rae.es/diccionario

Duval, V. y Campo, A. (2017). Variaciones microclimáticas en el interior y exterior del bosque de caldena (Prosopis caldenia), Argentina. Cuadernos de Geografía: Revista Colombiana de Geografía, 26(1), 37–49. https://doi.org/10.15446/rcdg.v26n1.42372

FAO. (2007). El estado mundial de la agricultura y la alimentación 2007. Roma.

FAO. (2010). Principales cambios inducidos por el clima. Pág. 9–31.

FAO. (2024). Plantaciones forestales en África tropical. https://www.fao.org/4/x5374s/x5374s04.htm#TopOfPage.

Fernando, J. (2020). Salto de Sumba. Universidad del Azuay Facultad de Ciencias de La Administración.

Fernández G, J., (2016). El recurso suelo-agua en ambientes áridos y semiáridos. https://digital.csic.es/bitstream/10261/29768/18/fernandez.pdf

Ficha Técnica del Sistema de Información Ambiental. [en línea]. (1972).No. 20. Disponible en: https://www.dane.gov.co/files/investigaciones/pib/ambientales/Sima/Temperatura_maxima13.pdf.

Gosling, SN y Arnell, NW (2016). Cambio climático. Una evaluación global del impacto del cambio climático en la escasez de agua, 134(3), 371–385. https://doi.org/10.1007/s10584-013-0853-x

Gobierno Regional de Junín. (2010). Estrategia Regional de Cambio Climático Junio. Pág. 136.

Gutiérrez, Orbeal y Anay, Nerkys. (2019). Comportamiento de las variables meteorológicas en psoriasis durante el año 2017.

Gutiérrez, J. y Pons, M. (2006). Modelización numérica del cambio climático: bases científicas, incertidumbres y proyecciones para la Península Ibérica. Cuaternario y Geomorfología: Revista de La Sociedad Española de Geomorfología y Asociación Española Para El Estudio Del Cuaternario, 20(3), 15–8.

Guzmán-Castellanos, A.B., Morales-Bojórquez, E. y Balart, EF (2014). Estimación del crecimiento individual en elasmobranquios: Inferencia con múltiples modelos. Hidrobiológica, 24(2), 137-150.

Grupo Intergubernamental de Expertos sobre Cambio Climático (IPCC).(2007a). Cambio climático 2007: la base de la ciencia física. Contribución del Grupo de Trabajo I al Cuarto Informe de Evaluación del IPCC.

Gyoo-Bum, Kim; Han-Heum, Yun; Dae-Ho, K. (2006). Relación entre índice estandarizado de precipitación y niveles freáticos una propuesta para el establecimiento de pozos de índice de sequía. 2006.pdf. Revista de La Sociedad Coreana de Medio Ambiente Del Suelo y Águas Subterráneas, 11, 31–42.

Harrell, F. (2001). Estrategias de modelado de regresión: con aplicaciones a modelos lineales, regresión logística y análisis de supervivencia. (Springer-V). Nueva York.

Hassan, RM (2010). Implicaciones del cambio climático para el desempeño del sector agrícola en África: desafíos políticos y agenda de investigación. Revista de Economías Africanas, 19 (suppl_2), ii77-ii105.

Hernández, R. (2014). Metodología de la investigación. 6ta Edición. México, 2014. ISBN 9781456223960.

https://pt.weatherspark.com/s/78292/0/Condi%C3%A7%C3%B5es-meteorol%C3%B3gicas-m%C3%A9dias-na-primavera-em-Ondjiva-Angola.12- 04-2024.

https://cultivafuturo.com/beneficios-de-la-lluvia-en-tus-cultivos/ 25-04-2024.

IPCC, IPOCC (2014): Informe de síntesis sobre el cambio climático. En: Contribuciones del Grupo de Trabajo I, II, II al Quinto Informe de Evaluación del Panel Intergubernamental sobre Cambio Climático. [Sl:sn], 2014.

IPCC, IP sobre CC (2007a). [Cambio climático 2007]: Las bases de las ciencias físicas: resumen para responsables de políticas y resumen técnico y preguntas frecuentes; Como parte del Grupo de Trabajo contribuí al Cuarto Informe de Evaluación del Panel Intergubernamental sobre Cambio Climático. Actas de la nieve alpina. *Taller, Múnich, 5 y 6 de octubre, Alemania HeBIS-Verbundkatalog*, 8, 142. Obtenido de http://bluemarble.nasa.gov.

IPCC.(2007b). Cambio climático 2007: impactos, adaptación y vulnerabilidad. Contribución del Grupo de Trabajo II al Cuarto Informe de Evaluación del IPCC. Cambridge, Reino Unido, Cambridge University Press.

IPCC. (2007c). Cambio climático 2007: informe resumido. Cuarto Informe de Evaluación del Grupo Intergubernamental de Expertos sobre Cambio Climático. Ginebra, Suiza.

IDEAM-UNAL (2018). Variabilidad climática y cambio climático en Colombia, Bogotá, DC ISBN: 978-958-8067-97-1.

Inzunza, Juan. (2023). Radiación solar y terrestre.

Jacto (2023). Agricultura y Gestión. https://bloglatam.jacto.com/agricultura-depende-pessoas-lluvias/

Jiménez, Rosa María Rodríguez, Capa, Águeda Benito y Lozano, Adelaida Portela. (2004). Meteorología y Climatología [en línea]. 2004. ISBN 8468885355. Disponible en: https://cab.inta-csic.es/uploads/culturacientifica/adjuntos/20130121115236.pdf

Llacza, Aydee, Hurtado, Femando, Puican, Christian, Barrantes, Kety y Fernández, Alexander (2016). Comportamiento de las variables meteorológicas en el Distrito de Chimbote durante el año 2016 [Tesis]. 2016.

Lloyd, JW, (1986). Una revisión de la aridez y las aguas subterráneas. Procesos Hidrológicos, 1, 63-78.

Maderey Rascón, L.E. y Jiménez Román, A. (2001). Alteración del ciclo hidrológico en la parte baja de la cuenca alta del río Lerma debido al trasvase de agua a la Ciudad de México. Investigaciones geográficas, 1(45). https://doi.org/10.14350/rig.59143

Martínez, P. y Patiño, C. (2012). Efecto del cambio climático sobre la disponibilidad de recursos hídricos. Tecnología y Ciencias Del Água, 3, 5–20.

Manrique, Óscar Brown. (2015). El cambio climático y sus evidencias de precipitaciones. Ingeniería Hidráulica y Ambiental. 2015. Vol. 36, núm. 1, pág. 88–101.

Montenegro, Edgar y Luján Pérez, Marcos. (2018). Análisis de la variación estacional de la contaminación atmosférica y su relación con las variables climáticas en el valle central de Cochabamba, Bolivia. Nueva Acta. 2018. Vol. 8, núm. 3, pág. 451–466.

Miyamoto, Bruno (2017). "Impactos económicos de las precipitaciones extremas en la agricultura brasileña". Tesis presentada en el Instituto de Economía de la Unicamp para obtener un doctorado en desarrollo económico.

MTICS (2019). Ministerio de Telecomunicacionesoes, Tecnologías de la Información y Comunicación Social. Instituto Nacional de Meteorología y Geofísica. Departamento Provincial de Cunene.

Naciones Unidas. (2007). Objetivos de Desarrollo del Milenio. Informe 2007. Nueva York, EE.UU.

Núñez, E., Steyerberg, E. W. y Núñez, J. (2011). Estrategias para el desarrollo de modelos de regresión estadística. Revista Española de Cardiología, 64(6), 501–507. https://doi.org/10.1016/j.recesp.2011.01.019

Nutricontrol (2020). La importancia de la temperatura para el cultivo de invierno. Empresa dedicada a la Investigación y Desarrollo Tecnológico.

Oñate Valdivieso, FR (2012). Proyecto: "Generación de Geoinformación para la Gestión del Territorio a Nivel Nacional Escala 1: 25.000". En Memoria Técnica. https://doi.org/10.1017/CBO9781107415324.004

Paneque, Rosa Jiménez y Habana (1998). Allá. Metodología de la InvestigaciónElementos Básicos para la Investigación Clínica. Pág. 1–95.

Pernía, J. y Fornés, J. (2009). Cambio climático en aguas subterráneas. Geociencia ambiental y de ingeniería, 17 (2), 172–178. https://doi.org/10.2113/gseegeosci.15.3.211

Promis, A., Caldentey, J. e Ibarra, M. (2010). Microclima dentro de un bosque de Nothofagus pumilio y los efectos de una tala de regeneración Microclima dentro de un bosque de Nothofagus pumilio y los efectos de una tala de regeneración. Bosque, 31(2), 129-139. Obtenido de https://scielo.conicyt.cl/pdf/bosque/v31n2/art06.pdf

Programa de las Naciones Unidas para el Desarrollo (PNUD). (2006). Más sobre la escasez: energía, pobreza y la crisis mundial del agua. Informe sobre Desarrollo Humano 2006. Nueva York, EE.UU.

Programa de las Naciones Unidas para el Medio Ambiente (PNUMA).(2008). Atlas de nuestro entorno cambiante. Nairobi, Kenia. Disponible en: na.unep.net/atlas

PNUD.(2007). La lucha contra el cambio climático: solidaridad frente a un mundo dividido. Informe de Desarrollo Humano 2007/2008. Nueva York, Estados Unidos.

Rosales, GO (2001). Evidencias del cambio climático y variabilidad climática en el Ecuador.

Sánchez-Santilán, N., Sánchez-Trejo, R., Espino, G. y Garduño, R. (2014). Evolución del clima a través de la historia de la Tierra. Revista Reflxiones, 93(1), 121-132.

Serrano, S., Zuleta, D., Moscoso, V., Jácome, P., Palacios, E. y Villacís, M. (2017). Análisis estadístico de datos meteorológicos mensuales y diarios para la determinación de la variabilidad climática y el cambio climático en el Distrito Metropolitano de Quito. La Granja, 16(2), 23. https://doi.org/10.17163/lgr.n16.2012.03

Sepúlveda, Yulian A. (2020). Importancia de las estaciones meteorológicas para la toma de decisiones en Casadiego. 2020. No. Mayo DOI 10.13140/RG.2.2.33323.46886.

Símborg (2024). Claves para ayudar a los cultivos en temperaturas extremas. https://symborg.com/es/actualidad/claves-para-ayudar-a-los-cultivos-ante-las-temperaturas-extremas/ 15-06-2024

Sófocleo, M. (2002). Interacciones entre aguas subterráneas y superficiales: el estado de la ciencia. Revista de hidrogeología, 10 (1), 52–67. ttps://doi.org/10.1007/s10040-001-0170-8

Suárez, J. (2009). Deslizamiento de tierra: Análisis geotécnico (Universidad). España.

Useros, LJ (2012). El Cambio Climático: Sus Causas y Efectos Ambientales. Real Academia de Medicina y Cirugía de Valladolid, 50, 71–98.

Uribe, Escudero y Alberto, Víctor. (2017). Impacto ambiental de la variabilidad de temperatura, humedad relativa y precipitación en la producción de papaya entre Casma, Pomabamba y Recuay, 2012-2015, ante los efectos del cambio climático.

Vinet, Luc y Zhedanov, Alexei (2010). Una familia "desaparecida" de polinomios ortogonales clásicos. 7 de noviembre de 2010. DOI 10.1088/1751-8113/44/8/085201.

Villalpando, F (2024): ¿Cómo impacta el cambio climático en la producción agrícola? ClimaproAgro. Información climática para la agricultura. México

Viñas MJ, Fox K y Jacobs P (2024). El análisis de la NASA confirma que 2023 fue el año más caluroso registrado. Centro de vuelos espaciales Goddard de la NASA. Sede, Washington. https://www.nasa.gov/es. 12 de enero de 2024

Wikipedia (2013). *Humedad relativa.* Enciclopedia libre. https://es.wikipedia.org/wiki/Humedad_relativa

VIII. ANEXOS.

Anexo 1: dados das variaveis climáticas

DADOS DE TEMPERATURAS MÁXIMA, MINIMA, MEDIA, HUMIDADE RELATIVA E PRECIPITAÇÃO REFERENTES A 2013, 2014, 2015, 2016, 2017 E 2018 – DADOS CLIMATICOS

	Meses	Ano 2013					Ano 2014					Ano 2015				
		Temperaturas (˚c)			H.R	Precipitação	Temperaturas (˚c)			H.R	Precipitação	Temperaturas (˚c)			H.R	Precipitações
		Max	Min	Media	(%)	(mm)	Max	Min	Media	(%)	(mm)	Max	Min	Med	(%)	(mm)
01	Janeiro	31.9	20.8	26.2	55	55	36.9	14.8	25.3	51	41.9	38.3	17.3	26.2	98	87.5
02	Fevereiro	32.8	19.5	26.6		55						37.7	16.3	26.6	97	27.4
03	Março	33.4	19.8	25.9		57	32.4	17.9	23.5	99	74	36.9	16.4	25.5	99	96.5
04	Abril	35.4	10.7	23.9	35	0.6	32.1	15.7	22.7	98	24.8	34.6	14.7	24.8	95	6.6
05	Maio	32.9	8.5	21.6	35	4.6	32.4	10.2	21.8	93	1.9	33.7	10.6	22.4	73	0.0
06	Junho	32.7	6.9	19.4	34	0.6	30.2	5.9	18.9	76	0.0	31.5	2.1	18.2	69	0.0
07	Julho	30.9	7.5	19.5	34	0.0	31.2	5.9	18.9	71	52.3	32.5	7.3	19.7	63	0.0
08	Agosto	34.4	7.8	21.2	24	0.0	35.1	7.8	22.3	56	0.0	36.6	6.9	22.5	71	43.3
09	Setembro	37.8	8.2	25.6	27	6.6	38.3	10.9	25.6	89	1.6	38.2	12.1	26.3	63	0.0
10	Outubro	39.1	14.8	28.2	25	2.6	38.8	14.1	28.0	81	3.5	38.9	15.4	29.1	71	3.9
11	Novembro	38.2	16.4	27.1	24	59.5	36.3	17.7	25.8	97	48.3	40.5	16.5	28.7	93	35.7
12	Dezembro	35.2	17.8	25.1	42	132.7	36.5	16.4	25.2	99	115.1	38.1	18.9	26.6	99	145.6

	Meses	Ano 2016					Ano 2017					Ano 2018				
		Temperaturas (˚c)			H.R	Precipitação	Temperaturas (˚c)			H.R	Precipitação	Temperaturas (˚c)			H.R	Precipitações
		Max	Min	Media	(%)	(mm)	Max	Min	Media	(%)	(mm)	Max	Min	Med	(%)	(mm)
01	Janeiro	36.6	15.9	25,2	57	70.7	35.5	16.5	25.2	54	83.5	36.6	18.0	25.7	58	106.0
02	Fevereiro	36.6	18.5	24,1	64	78.8	36.3	16.5	24.1	70	113.6	34.8	15.5	25.5	60	76.8
03	Março	36.5	15.5		65	96.5	32.9	17.8	23.7	73	172.1	34.4	16.8	23.8	74	135.1
04	Abril	35.2	14.9	25.1	52	21.6	34.7	14.6	23.4	62	17.0	33.0	14.0	23.1	72	250.2
05	Maio	33.9	9.6	22.1	36	0	33.2	10.8	21.8	47	0	32.3	10.8	21.9	51	0.1
06	Junho	31.8	8.1	19.9	34	0	31.8	8.4	19.6	44	0	31.1	6.1	18.3	42	0
07	Julho	31.9	5.3	18.7	28	0	31.9	7.5	19.4	37	0	31.3	7.5	18.3	39	0
08	Agosto	35.9	9.4	22.9	22	0	35.1	9.0	21.8	27	0	34.6	9.7	22.3	26	0
09	Setembro	38.4	10.9	25.8	19	0	38.3	13.6	26.1	27	0	38.3	8.5	25.3	20	0.1
10	Outubro	39.6	16.1	29.2	22	2.4	39.3	13.7	27.0	28	37.5	39.2	15.5	26.9	29	6.5
11	Novembro	39.6	19.5	28.3	42	16.5	37.6	15.4	27.1	39	48.6	39.6	16.0	28.7	32	9.9
12	Dezembro	36.3	18.4	26.2	58	153.6	38.0	17.2	26.3	55	98.7	39.6	16.3	28.7	35	13.9

DADOS DE PRECIPITAÇÃO, TEMPERATURAS MAXIMA, MINIMA, MEDIA E HUMIDADE RELATIVA REFERENTE AOS MESES DE JANEIRO, FEVEREIRO, MARCO E ABRIL DE 2020 - DADOS CLIMATICOS

MESES	TEMPERATURAS (ºc)			H.R (%)	PRECIPITAÇÃO (mm)
	MAX	MIN	MED		
JANEIRO	35.8	18.0	25.0	69	91.8
FEVEREIRO	35.3	17.1	24.7	71	183.2
MARCO	34.7	14.7	24.7	71	63.8
ABRIL	34.9	13.6	24.1	62	4.5
MAIO	32.7	9.2	21.5	45	0.0
JUNHO	30.1	5.6	18.1	41	0.0
JULHO	27.8	10.4	18.8	36	0.0
AGOSTO	33,5	7,3	21,2	62	0,0
SETEMBRO	38,2	12,9	25,4	74	0,0
OUTUBRO	40,9	12,8	27,4	92	11,6
NOVEMBRO	38,4	16,8	27,5	95	24,3
DEZEMBRO	38,1	16,2	27,5	96	53,9

DADOS DE TEMPERATURAS MAXIMA, MINIMA, MEDIA, HUMIDADE RELATIVA E PRECIPITAÇÃO REFERENTE AOS MESES DE JANEIRO À DEZEMBRO DE 2021 – DADOS CLIMATICOS

MESES	TEMPERATURAS (ºc)			H.R (%)	PRECIPITAÇÃO (mm)
	MAX	MIN	MED		
JANEIRO	34,6	16,2	24,8	98	85,7
FEVEREIRO	35,6	17,3	25,5	54	62,1
MARCO	36,3	16,4	24,8	65	168,7
ABRIL	33,9	14,4	23,8	53	9,5
MAIO	32,2	10,6	21,3	51	15,5
JUNHO	31.8	6.7	18.6	41	0.0
JULHO	29.7	6.4	18.3	34	0.0
AGOSTO	35.5	9.7	22.0	25	0.0
SETEMBRO	39.1	12.8	26.7	19	0.0
OUTUBRO	39.2	12.8	28.1	22	5.3
NOVEMBRO	39,4	15,9	27,6	37	31,2
DEZEMBRO	36,7	17,0	27,2	44	51,7

MAPA DE TEMPERATURAS MÁXIMA E MINIMA, HUMIDADE RELATIVA E PRECIPITAÇÃO REFERENTE AO II TRIMESTRE DE 2021 – DADOS CLIMATICOS

Dias	Tª Máxima °c			Tª Mínima °c			Humidade Relativa %			Precipitação mm		
	Abril	Maio	Junho	Abril	Maio	Junho	Abril	Maio	Junho	Abril	Maio	Junho
01	28,9	32,2	29,8	19,4	18,5	10,9	78	59	37	1,2	0,0	0,0
02	29,7	21,6	28,9	18,8	18,4	13,1	75	91	37	0,0	14,9	0,0
03	30,9	28,5	27,2	20,8	16,0	10,9	59	68	34	0,0	0,0	0,0
04	31,5	29,0	26,5	14,0	16,5	8,2	54	69	35	0,0	0,0	0,0
05	31,9	28,0	26,1	19,6	17,8	9,3	56	66	38	0,0	0,0	0,0
06	33,0	30,9	26,5	18,9	16,3	9,8	62	65	43	0,0	0,6	0,0
07	32,5	30,8	27,8	19,5	19,7	10,8	57	66	48	3,0	0,0	0,0
08	31,2	31,2	30,1	18,8	19,7	10,8	54	62	45	0,0	0,0	0,0
09	30,6	30,9	30,0	19,1	17,3	11,4	47	51	45	0,0	0,0	0,0
10	30,7	29,5	29,7	17,4	16,7	10,5	47	41	44	0,0	0,0	0,0
11	30,2	29,2	28,4	17,4	11,6	10,7	48	41	40	0,0	0,0	0,0
12	30,8	29,0	27,9	16,1	12,4	10,7	46	44	38	0,0	0,0	0,0
13	31,2	28,8	26,4	17,3	12,4	9,1	51	45	38	0,0	0,0	0,0
14	31,1	29,8	26,9	16,8	12,8	8,2	57	48	39	0,3	0,0	0,0
15	30,4	30,0	28,5	18,8	13,2	6,7	55	45	38	3,3	0,0	0,0
16	30,8	30,9	28,8	19,7	12,8	8,2	48	44	40	0,0	0,0	0,0
17	31,1	30,8	30,0	17,1	11,8	8,7	47	40	38	0,0	0,0	0,0
18	30,0	31,3	29,2	17,0	15,6	8,0	52	43	41	0,0	0,0	0,0
19	29,5	31,1	27,9	16,2	12,5	10,6	51	47	40	0,0	0,0	0,0
20	30,1	29,8	27,2	15,4	13,1	12,0	51	49	42	0,0	0,0	0,0
21	30,6	30,1	26,0	15,9	11,9	13,0	49	43	42	0,0	0,0	0,0
22	31,3	29,1	26,5	17,8	13,3	8,8	48	45	42	0,0	0,0	0,0
23	32,3	28,9	26,7	18,3	12,5	10,6	45	50	45	0.0	0,0	0,0
24	29,5	28,1	29,1	17,6	11,4	9,0	53	52	45	0,0	0,0	0,0
25	32,8	27,2	29,1	14,4	11,5	9,9	56	52	46	0,0	0,0	0,0
26	32,0	27,3	29,2	15,0	10,6	10,3	45	48	43	0,0	0,0	0,0
27	32,5	27,6	31,4	15,9	11,4	9,1	46	50	40	0,0	0,0	0,0
28	33,9	28,4	31,4	16,4	10,7	11,6	47	45	35	0,0	0,0	0,0
29	33,2	29,6	30,4	17,1	11,1	9,2	47	45	40	0,0	0,0	0,0
30	31,5	30,2	30,3	18,3	11,4	11,2	62	39	38	1,6	0,0	0,0
31		30,2			11,4			39			0,0	0,0
Total	632,0	911,4	853,9	525,0	545,6	301,3	1644	1592	1216	9,5	15,5	0,0
Média	31,2	29,4	28,4	17,5	17,6	10,0	55	51	40	9,5	15,5	0,0

MAPA DE TEMPERATURAS MÁXIMA E MINIMA, HUMIDADE RELATIVA E PRECIPITAÇÃO REFERENTE AO III TRIMESTRE DE 2021 – DADOS CLIMATICOS

Dias	Tª Máxima °c			Tª Mínima °c			Humidade Relativa %			Precipitação mm		
	Julho	Agosto	Set.	Julho	Agosto	Set.	Julho	Agosto	Set.	Julho	Agosto	Set.
01	29,7	27,1	34,9	8,9	10,9	14,7	37	35	12	0,0	0,0	0,0
02	29,6	29,9	35,4	9,9	10,5	12,7	33	36	15	0,0	0,0	0,0
03	29,4	30,9	34,6	8,8	12,5	13,3	33	34	21	0,0	0,0	0,0
04	29,0	31,8	34,6	7,5	11,1	14,7	35	33	22	0,0	0,0	0,0
05	28,9	31,7	34,6	6,8	10,8	15,4	37	29	21	0,0	0,0	0,0
06	29,9	31,5	35,9	7,6	11,9	15,5	34	27	14	0,0	0,0	0,0
07	28,4	31,2	35,5	9,4	11,2	15,7	30	27	15	0,0	0,0	0,0
08	28,0	32,5	36,1	9,8	9,9	18,0	38	27	19	0,0	0,0	0,0
09	26,8	31,9	35,3	9,5	10,0	18,5	38	26	24	0,0	0,0	0,0
10	29,2	32,5	34,6	10,3	11,6	21,1	36	25	24	0,0	0,0	0,0
11	28,1	32,4	33,3	9,5	11,5	19,6	37	25	23	0,0	0,0	0,0
12	28,3	32,9	33,7	9,5	12,1	18,3	33	25	24	0,0	0,0	0,0
13	28,2	33,2	35,1	9,1	10,1	15,3	32	26	22	0,0	0,0	0,0
14	24,8	33,4	35,2	9,9	10,3	17,2	36	24	20	0,0	0,0	0,0
15	27,1	31,8	35,8	9,9	13,4	16,2	32	27	19	0,0	0,0	0,0
16	28,6	31,9	35,2	11,2	13,2	15,5	36	33	18	0,0	0,0	0,0
17	28,0	32,9	34,9	10,5	13,5	15,2	43	26	16	0,0	0,0	0,0
18	27,1	33,2	35,9	15,4	12,2	15,2	39	25	21	0,0	0,0	0,0
19	27,1	32,7	34,9	14,2	10,2	17,3	34	18	20	0,0	0,0	0,0
20	28,1	30,8	35,8	9,9	9,7	16,4	32	21	18	0.0	0,0	0,0
21	28,2	31,3	37,8	8,6	10,9	18,3	30	24	17	0,0	0,0	0,0
22	27,0	32,6	38,0	8,7	10,8	21,8	29	21	19	0,0	0,0	0,0
23	27,0	31,0	39,1	8,3	12,6	24,3	22	22	15	0,0	0,0	0,0
24	26,5	33,4	38,2	6,4	17,9	19,7	22	23	17	0,0	0,0	0,0
25	27,1	33,9	37,4	11,1	13,9	17,4	36	21	23	0,0	0,0	0,0
26	25,6	35,2	37,7	12,3	15,7	20.9	38	22	16	0,0	0,0	0,0
27	25,6	32,5	36,9	8,0	16,5	16,2	37	20	21	0,0	0,0	0,0
28	27,0	30,9	34,2	7,6	12,0	16,9	34	27	28	0,0	0,0	0,0
29	27,2	29,7	33,9	7,8	13,4	17,3	32	18	23	0,0	0,0	0,0
30	26,9	30,4	36,1	9,5	11,9	15,0	32	15	16	0,0	0,0	0,0
31	26,9	35,5		9,1	12,3		32	13		0,0	0,0	0,0
Total	858,7	995,1	10,706	294,5	375,1	4,981	1054	775	569	0	0	0
Média	27,7	32,1	35,7	9,5	12,1	16,6	34	25	19	0	0	0

MAPA DE TEMPERATURAS MAXIMA E MINIMA, HUMIDADE RELATIVA E PRECIPITAÇÃO REFERENTE AO IV TRIMESTRE DE 2021 – DADOS CLIMATICOS

Dias	Tª Máxima °c			Tª Mínima °c			Humidade Relativa %			Precipitação mm		
	Out	Nov	Dez	Out	Nov	Dez	Out	Nov	Dez	Out	Nov	Dez
01	33,9	36,2	35,9	17,5	17,4	21,9	15	18	41	0,0	0,0	0,4
02	33,3	37,3	32,6	14,2	19,2	19,2	14	17	58	0,0	0,0	3,8
03	32,9	36,4	32,6	12,8	17,7	21,3	15	17	58	0,0	0,0	2,2
04	34,1	39,4	34,1	16,5	17,9	20,4	24	20	62	0,0	0,0	4,2
05	35,6	38,3	33,2	16,0	23,5	19,8	16	25	64	0,0	12,8	0,0
06	37,7	37,4	34,6	17,5	23,0	19,2	17	49	50	0,0	5,0	1,0
07	35,8	36,1	35,4	20,4	19,4	20,0	36	59	34	0,0	1,7	0,0
08	37,9	35,4	35,9	22,1	19,5	21,5	24	51	46	0,0	0,0	0,0
09	37,7	34,0	34,9	21,7	22,4	22,8	20	40	49	0,0	0,0	0,0
10	39,0	34,4	32,7	20,8	23,3	18,9	13	43	62	0,0	0,0	1,5
11	39,1	33,4	32,2	22,2	23,4	22,4	10	44	60	0,0	0,2	19,0
12	37,8	34,7	31,4	19,9	19,9	18,8	24	50	70	0,0	0,4	6,1
13	37,2	33,7	30,7	19,6	21,7	19,8	21	47	78	0,0	0,1	8,3
14	38,0	36,0	32,1	19,4	22,6	20,9	18	53	63	0,0	2,6	0,0
15	38,2	30,3	34,7	22,9	19,5	22,3	20	71	53	0,0	0,1	0,0
16	35,6	36,2	34,3	17,1	19,2	20,1	19	57	48	0,0	1,3	0,0
17	35,7	34,9	34,2	17,2	20,7	21,1	15	48	37	0,0	2,3	0,0
18	36,8	30,0	34,3	17,3	19,8	18,2	18	64	32	0,0	1,2	0,0
19	38,1	35,0	36,2	23,8	19,1	20,6	15	41	31	0,0	0,0	0,0
20	33,7	37,0	36,7	22,6	22,6	20,4	31	26	34	0,0	0,0	0,0
21	34,9	35,9	35,6	19,3	18,8	21,6	38	23	44	0,0	0,0	2,0
22	34,7	34,7	34,8	16,8	18,1	18,3	21	24	49	0,0	0,0	3,2
23	35,9	34,6	34,7	16,1	15,9	21,1	20	23	30	0,0	0,0	0,0
24	36,9	39,5	35,7	18,2	18,3	18,2	16	20	26	0,0	0,0	0,0
25	36,4	36,8	36,0	20,5	18,9	17,0	16	21	25	0,0	0,0	0,0
26	36,3	35,6	36,5	17,2	18,1	18,7	17	20	24	0,0	0,0	0,0
27	35,7	36,9	36,1	23,9	19,2	20,9	23	23	23	0,0	0,0	0,0
28	33,3	35,8	34,9	14,7	22,5	17,1	40	38	23	0,0	2,9	0,0
29	36,7	34,1	35,8	22,3	16,1	17,4	45	47	28	4,6	0,0	0,0
30	36,0	35,9	35,9	20,5	21,0	21,7	42	46	36	0,7	0,6	0,0
31	36,6		35,1	21,6		20,6	16		40	0,0		0,0
Total	1122,2	1062,0	1072,6	592,1	597,0	933,1	682	1110	1256	5,3	31,2	51,7
Média	36,2	35,4	34,6	19,1	19,9	20,1	22	37	41	5,3	31,2	51,7

MAPA DE TEMPERATURAS MÁXIMA E MINIMA, HUMIDADE RELATIVA E PRECIPITAÇÃO REFERENTE AO I TRIMESTRE DE 2022 – DADOS CLIMATICOS

Dias	Tª Máxima ºc			Tª Mínima ºc			Humidade Relativa %			Precipitação mm		
	Jan	Fev	Marc	Jan	Fev	Marc	Jan	Fev	Marc	Jan	Fev	Marc
01	37,7	33,7	30,1	27,4	22,5	18,5	20	34	76	0,0	0,0	13,4
02	38,5	34,7	29,3	22,6	18,5	19,5	26	31	79	0,0	3,7	0,2
03	36,2	34,1	30,2	21,4	21,8	20,9	36	37	78	0,0	0,8	0,0
04	36,2	34,0	29,6	23,4	23,2	16,0	26	54	50	0,0	0,0	0,0
05	36,8	26,6	30,1	20,7	19,2	17,0	27	81	55	0,0	8,7	0,0
06	37,2	27,5	32,1	21,4	19,8	16,7	19	75	55	0,0	0,7	0,0
07	34,0	29,2	32,7	22,8	19,9	17,6	42	80	60	0,0	2,3	0,0
08	37,3	28,9	32,8	22,0	19,4	19,4	47	78	62	1,0	20,4	0,0
09	34,0	29,7	34,2	20,7	20,3	20,3	39	74	56	0,0	17,6	0,0
10	35,6	26,9	31,9	21,4	20,3	20,7	20	86	70	0,0	11,1	3,6
11	35,4	30,8	30,9	18,4	19,3	20,6	18	74	79	0,0	0,0	0,7
12	37,2	32,9	29,2	17,4	20,0	21,3	17	73	86	0,0	0,0	10,8
13	36,6	31,0	25,9	19,5	19,9	19,2	13	68	99	0,0	0,4	89,0
14	33,1	24,6	26,5	21,2	20,2	18,7	17	85	85	0,0	16,9	3,8
15	32,8	26,4	29,1	22,3	18,1	19,3	20	87	66	0,0	18,4	0,0
16	33,7	29,2	30,4	22,3	21,1	17,4	28	82	64	0,0	0,9	0,0
17	33,7	31,5	31,2	21,1	18,9	16,9	26	70	57	0,0	0,0	0,0
18	35,3	31,3	31,0	24,5	19,9	17,1	36	74	61	0,0	0,0	0,0
19	31,3	30,7	31,3	22,0	19,8	18,8	60	76	64	3,3	0,1	0,0
20	28,1	32,1	31,5	18,5	20,2	20,4	75	77	67	7,3	1,7	0,0
21	25,9	32,6	29,5	18,5	20,7	20,4	84	72	82	54,8	3,3	3,8
22	30,2	32,6	24,8	19,3	20,8	20,5	75	71	92	0,1	0,0	8,6
23	32,6	30,7	29,9	19,3	21,1	19,5	50	81	81	0,0	2,2	37,1
24	32,5	31,9	26,5	19,4	19,6	17,3	47	76	89	0,0	0,2	15,6
25	34,4	27,5	29,7	19,3	21,5	19,5	39	85	79	0,0	14,8	0,0
26	33,0	33,2	30,9	19,5	19,0	17,8	47	72	63	0,5	0,4	0,0
27	34,3	32,7	32,1	20,4	21,2	16,3	51	61	57	0,0	0,0	0,0
28	33,3	28,5	33,9	22,0	19,2	17,3	49	76	50	0,0	5,5	0,0
29	34,1		32,7	22,0		15,7	39		54	0,0		0,0
30	29,9		33,0	22,0		20,7	52		61	0,0		0,0
31	31,4		31,5	21,6		19,9	40		68	0,0		0,0
Total	1053,3	855,5	944,5	654,3	565,4	581,2	1203	1990	2227	67,6	126,4	186,7
Média	33,9	30,6	30,5	21,1	20,2	18,7	39	71	72	67,6	126,4	186,7

MAPA DE TEMPERATURAS MÁXIMA E MINIMA, HUMIDADE RELATIVA E PRECIPITAÇÃO REFERE NTE AO II TRIMESTRE DE 2022 – DADOS CLIMATICOS

Dias	Tª Máxima °c			Tª Mínima °c			Humidade Relativa %			Precipitação mm		
	Abril	Maio	Junh	Abril	Maio	Junh	Abril	Maio	Junh	Abril	Maio	
01	31,7	31,3	25,9	19,9	15,9	11,8	71	49	28	0,0	0,0	0
02	26,8	30,0	25,4	19,9	14,3	10,4	79	50	34	0,2	0,0	0
03	28,0	28,8	25,0	18,2	16,2	8,5	78	50	44	1,0	0,0	0
04	30,6	29,1	24,7	18,2	12,9	10,4	74	45	43	0,0	0,0	0
05	30,6	28,5	25,3	18,2	12,2	9,4	66	45	44	0,0	0,0	0
06	33,4	29,9	25,1	15,9	13,4	8,3	65	44	44	0,0	0,0	0
07	34,2	30,7	24,9	18,3	12,2	8,8	58	42	45	0,0	0,0	0
08	34,1	31,1	25,5	17,8	12,3	9,7	56	41	44	0,0	0,0	0
09	34,5	31,6	26,5	19,0	13,5	9,4	55	39	38	0,0	0,0	0
10	33,8	31,2	26,4	17,5	13,4	9,0	54	40	41	0,0	0,0	0
11	31,5	30,9	26,8	18,6	12,4	10,0	63	37	46	0,2	0,0	0
12	26,5	30,6	27,1	19,3	10,2	10,1	74	38	42	0,1	0,0	0
13	31,3	30,1	27,8	16,6	11,9	10,9	65	39	39	3,0	0,0	0
14	30,9	31,6	27,4	17,3	11,5	8,8	70	40	37	6,4	0,0	0
15	32,3	31,0	28,9	18,6	15,5	6,7	65	39	39	0,1	0,0	0
16	30,7	29,5	28,5	18,7	15,1	10,1	65	40	42	0,0	0,0	0
17	30,9	28,5	30,6	18,3	14,1	12,2	71	39	43	0,1	0,0	0
18	31,2	28,9	30,8	21,7	11,3	9,7	69	40	42	0,0	0,0	0
19	30,7	29,7	29,8	18,8	10,8	10,7	63	43	34	0,0	0,0	0
20	29,3	28,1	24,6	15,5	13,2	8,1	52	42	45	0,0	0,0	0
21	28,7	26,5	24,0	14,8	7,8	3,5	52	24	37	0,0	0,0	0
22	28,6	27,4	26,2	13,5	6,4	3,1	53	27	36	0,0	0,0	0
23	30,1	28,1	29,1	14,1	7,4	3,9	51	31	33	0,0	0,0	0
24	30,9	28,4	30,0	13,6	9,5	6,3	49	39	30	0,0	0,0	0
25	32,3	29,7	29,7	14,8	7,1	7,1	47	43	32	0,0	0,0	0
26	33,4	30,0	28,2	19,6	8,7	10,9	41	44	39	0,0	0,0	0
27	32,9	30,2	24,6	19,2	9,7	12,9	45	42	38	0,0	0,0	0
28	32,3	30,3	24,3	15,8	9,6	8,9	50	42	44	0,0	0,0	0
29	32,3	30,1	23,7	16,8	10,6	11,1	52	39	47	0,0	0,0	0
30	32,9	30,3	25,5	15,6	12,3	13,5	49	35	43	0,0	0,0	0
31		27,5			13,5			35			0,0	
Total												
Média	31,2	30,3	26,9	17,3	18,7	8,9	60	40	27	11,1	0,0	0,0

MAPA DE TEMPERATURAS MÁXIMA E MINIMA, HUMIDADE RELATIVA E PRECIPITAÇÃO REFERENTE AO III TRIMESTRE DE 2022 – DADOS CLIMATICOS

Dias	Tª Máxima °c			Tª Mínima °c			Humidade Relativa %			Precipitação mm		
	Julho	Ag	Set	Julho	Ag	Set	Jul	Ag	Set	Julho	Ag	Set
01	27,4	28,9	33,7	9,5	7,8	13,7	46	29	25	0,0	0,0	0,0
02	27,8	25,8	32,3	10,8	3,3	16,6	42	25	23	0,0	0,0	0,0
03	28,1	29,5	32,3	9,1	5,9	14,2	41	24	22	0,0	0,0	0,0
04	28,3	30,2	33,3	9,1	7,7	13,3	36	25	24	0,0	0,0	0,0
05	28,7	32,5	33,9	9,8	14,8	14,6	39	31	21	0,0	0,0	0,0
06	28,4	32,3	35,1	10,5	14,6	16,0	41	31	18	0,0	0,0	0,0
07	28,5	32,2	36,9	10,5	12,6	17,8	39	30	18	0,0	0,0	0,0
08	28,2	33,3	36,1	10,7	12,4	16,8	40	30	20	0,0	0,0	0,0
09	28,8	33,8	35,7	10,8	11,3	19,2	38	27	17	0,0	0,0	0,0
10	28,4	33,2	35,6	11,1	12,6	16,1	37	23	17	0,0	0,0	0,0
11	29,4	33,5	35,1	10,4	11,2	17,9	35	21	17	0,0	0,0	0,0
12	28,0	33,2	35,1	10,8	11,5	19,6	37	19	19	0,0	0,0	0,0
13	27,3	33,7	34,5	10,3	10,8	20,7	39	19	15	0,0	0,0	0,0
14	26,7	31,0	33,9	10,4	9,8	17,9	37	21	18	0,0	0,0	0,0
15	26,4	32,5	34,5	9,9	9,4	20,7	34	16	20	0,0	0,0	0,0
16	26,6	33,4	34,1	10,1	12,1	17,9	33	18	19	0,0	0,0	0,0
17	26,6	33,7	35,1	11,8	9,4	16,1	32	18	19	0,0	0,0	0,0
18	26,6	32,9	35,7	9,1	9,1	16,2	35	20	23	0,0	0,0	0,0
19	27,4	32,2	31,9	9,8	9,7	16,2	32	19	19	0,0	0,0	0,0
20	28,1	26,9	32,6	11,4	12,6	13,7	29	18	16	0,0	0,0	0,0
21	28,4	28,5	32,9	10,6	8,8	14,9	29	14	15	0,0	0,0	0,0
22	28,9	30,9	35,7	11,4	9,6	16,0	31	21	12	0,0	0,0	0,0
23	30,6	32,4	36,7	13,1	7,9	16,0	34	26	16	0,0	0,0	0,0
24	30,9	32,3	37,1	11,7	14,6	20,9	32	32	11	0,0	0,0	0,0
25	31,3	31,7	34,4	11,2	16,0	23,0	32	27	16	0,0	0,0	0,0
26	31,8	33,3	33,5	16,8	13,7	22,4	27	27	12	0,0	0,0	0,0
27	30,7	34,1	33,0	12,0	12,9	20,7	31	24	12	0,0	0,0	0,0
28	30,7	34,4	37,4	11,9	14,1	18,7	30	21	15	0,0	0,0	0,0
29	29,8	34,9	37,7	10,7	15,0	22,5	30	20	16	0,0	0,0	0,0
30	30,1	33,9	36,9	11,2	13,7	24,1	26	24	19	0,0	0,0	0,0
31	28,6	34,1		7,9	13,8		27	25		0,0	0,0	
Total	887,5	995,2	1042,7	334,4	348,7	534,4				0,0	0,0	0,0
Média	28,6	32,1	34,7	10,7	11,2	17,8				0,0	0,0	0,0

MAPA DE TEMPERATURAS MÁXIMA E MINIMA, HUMIDADE RELATIVA E PRECIPITAÇÃO REFERENTE AO IV TRIMESTRE DE 2022 – DADOS CLIMATICOS

Dias	Tª Máxima °c			Tª Mínima °c			Humidade Relativa %			Precipitação mm		
	Out	Nov	Dez	Out	Nov	Dez	Out	Nov	Dez	Out	Nov	Dez
01	37,0	34,5	37,1	19,3	20,3	22,3	15	38	34	0,0	0,0	0,0
02	38,2	35,3	35,9	19,3	20,6	22,6	13	40	35	0,0	0,0	0,0
03	37,5	34,9	37,3	18,9	20,2	22,3	16	34	30	0,0	0,0	0,0
04		33,2	34,8	18,3	20,1	22,5	20	18	57	0,0	0,0	0,0
05	38,0	31,0	36,9		21,4	21,7	14	15	25	0,0	0,0	0,0
06	37,0	33,0	35,1	19,2	21,0	20,7	25	22	13	0,0	0,0	0,0
07	37,0	32,1	35,7	19,1	17,8	20,1	13	34	33	0,0	0,0	0,0
08	36,5	34,0	34,9	18,4	19,1	20,6	33	17	15	0,0	0,0	0,0
09	36,0	33,9	36,4	18,4	17,0	19,3	31	16	7	0,0	0,0	0,0
10	36,9	35,6	35,5	21,0	19,6	22,8	21	20	39	0,0	0,0	0,0
11	36,9	34,8	33,7	19,2	19,1	21,7	17	19	21	0,0	0,0	0,0
12	37,0	33,0	34,6	20,3	16,6	147	20	16	25	0,0	0,0	0,0
13	36,1	33,3	35,9	21,2	15,2	20,5		11	26	0,0	0,0	0,0
14	36,1	36,7	29,4	21,5	16,3	20,4		10	66	0,0	0,0	0,0
15	32,1	37,4	27,3	23,4	18,2	17,3	43	13	73	0,0	0,0	0,0
16	27,6	36,8	31,7	20,6	15,8	20,6	54	28	57	0,0	0,0	0,0
17	27,6	36,9	31,5	16,7	19,6	21,8	50	40	30	0,0	0,0	0,0
18	34,0	37,9	35,8	21,6	18,2	21,6	39	36	22	0,0	0,0	0,0
19	35,2	36,1	35,9	21,0	20,6	20,8	33	39	18	0,0	0,0	0,0
20	35,5	34,3	35,9	21,9	21,6	21,9	37	45	18	0,0	0,0	0,0
21	35,5	33,8	36,7	21,9	23,9	19,1		46	14	0,0	0,0	0,0
22	35,8	33,8	36,2		22,0	25,3		44	29	0,0	0,0	0,0
23	36,8	36,5	35,5	22,5	23,4	21,4	25	30	36	0,0	0,0	0,0
24	36,8	31,9	36,1	22,5	16,8	219	25	60	37	0,0	0,0	0,0
25	31,4	33,6	35,0		18,8	22,5		53	51	0,0	0,0	0,0
26	36,6	33,8	35,0		19,8	20,8		54	38	0,0	0,0	0,0
27	35,5	35,4	36,4	22,3	21,7	21,7	37	38	10	0,0	0,0	0,0
28	35,7	34,8	37,0		19,9	24,4	37	42	27	0,0	0,0	0,0
29	35,7	34,7	33,8	20,3	21,9	20,1	54	36	62	0,0	0,0	0,0
30	29,9	36,3	30,8	16,7	19,6	20,8	69	35	60	0,0	0,0	0,0
31	30,9		34,2	20,0		21,0	51		44	0,0	0,0	
Total										0,0	0,0	0,0
Média										0,0	0,0	0,0

MAPA DE TEMPERATURAS MÁXIMA E MINIMA, HUMIDADE RELATIVA E PRECIPITAÇÃO

REFERENTE AO I TRIMESTRE DE 2023 – DADOS CLIMATICOS

Dias	Tª Máxima °c			Tª Mínima °c			Humidade Relativa %			Precipitação mm		
	Jan	Fev	Marc	Jan	Fev	Marc	Jan	Fev	Marc	Jan	Fev	Marc
01	30,3	29,2	33,1	19,3	20,0	19,7	70	61	51			
02	30,4	30,9	29,8	21,0	21,5	19,1	61	51	66			
03	23,7	30,1	32,8	19,8	21,3	19,8	67	67	44			
04	20,1	32,1	33,0	18,7	20,8	18,0	98	48	20			
05	29,8	31,4	34,0	19,0	22,2	18,4	40	30	22			
06	31,1	30,9	35,9	19,6	20,8	18,8	29	59	21			
07	33,7	26,7	35,9	20,8	20,9	21,4	31	58	35			
08	32,3	28,6	31,0	22,9	21,7	21,5	27	65	50			
09	31,3	31,7	34,7	21,2	19,4	22,6	30	43	30			
10	33,2	33,1	34,4	23,1	18,8	22,4	44	46	40			
11	28,9	33,1	32,0	21,2	20,0	20,8	75	31	78			
12	31,6	33,8	32,8	21,6	20,3	22,6	67	31	68			
13	30,7	35,1	34,8	19,9	21,7	21,0	62	35	40			
14	31,1	35,6	35,0	18,0	23,4	21,2	68	31	39			
15	31,9	35,2	34,3	18,0	21,6	21,1	50	22	33			
16	29,6	33,3	33,4	20,7	18,2	20,2	71	27	47			
17	26,4	32,9	31,7	20,0	16,9	17,7	67	31	40			
18	25,7	31,9	33,5	19,0	13,7	20,0	85	23	50			
19	25,1	33,0	33,3	18,1	15,0	19,4	96	22	46			
20	22,3	33,1	33,9	20,6	15,4	19,3	90	24	49			
21	27,2	34,2	32,6	18,6	14,8	20,2	78	22	55			
22	24,6	35,4	32,4	17,2	17,4	21,3	71	26	47			
23	27,4	34,0	29,8	19,4	21,3	18,8	79	39	72			
24	28,4	32,9	32,0	18,5	20,8	20,5	79	48	53			
25	30,2	34,5	30,8	20,6	20,5	18,5	68	49	46			
26	31,0	34,3	25,6	19,0	20,2	21,2	71	46	84			
27	31,4	32,5	30,6	20,2	21,6	18,3	70	64	55			
28	30,1	27,9	28,4	21,1	19,7	18,6	68	-	77			
29	30,3		31,0	20,1		20,3	59		66			
30	27,8		31,8	17,9		20,6	77		63			
31	27,4			19,6		18,9	76		62			
Total	901,6	906,3	1006,6	548,8	548,8	622,2		1099,0	1565,0			
Média	28.6	30,2	32,5	19,7	19,6	20,1	65	78	51			

MAPA DE TEMPERATURAS MÁXIMA E MINIMA, HUMIDADE RELATIVA E PRECIPITAÇÃO REFERENTE AO II TRIMESTRE DE 2023 – DADOS CLIMATICOS

Dias	Tª Máxima °c			Tª Mínima °c			Humidade Relativa %			Precipitação mm		
	Abril	Maio	Junho	Abril	Maio	Junho	Abril	Maio	Junho	Abril	Maio	Junho
01	31,1	33,0	31,5	20,2	16,7	13,8	61	30	25			
02	32,0	32,5	32,1	19,4	15,1	15,5	59	27	29			
03	32,2	33,0	31,3	20,6	14,4	13,0	50	30	27			
04	31,8	32,5	32,7	20,6	14,4	12,4	55	31	22			
05	31,2	32,3	31,8	18,8	16,5	11,4	43	30	21			
06	32,6	32,6	31,8	17,8	16,5	11,4	54	25	13			
07	33,8	33,1	31,6	18,0	15,2	13,4	45	31	17			
08	33,4	32,8	30,9	19,6	17,8	12,6	39	35	21			
09	32,6	32,8	30,4	20,3	16,3	13,4	42	40	19			
10	33,6	33,5	31,2	21,3	16,3	13,4	46	24	20			
11	33,9	32,8	30,7	19,5	18,3	11,4	34	26	20			
12	33,4	31,7	27,2	19,5	15,1	11,8	40	30	22			
13	34,4	31,8	29,2	18,0	15,9	7,8	39	37	17			
14	33,7	31,7	29,4	19,8	14,2	9,2	35	28	24			
15	33,9	31,5	29,4	18,5	15,0	9,3	37	21	21			
16	33,4	30,2	30,1	16,6	19,9	7,7	33	34	15			
17	32,6	30,3	30,1	17,7	13,4	7,8	37	30	15			
18	32,7	30,5	30,0	16,7	11,2	9,2	45	24	18			
19	33,4	31,0	29,9	18,7	11,3	7,3	46	25	22			
20	31,6	32,3	30,0	20,2	12,3	8,1	45	18	22			
21	20,9	32,4	29,7	17,9	13,3	10,8	75	20	22			
22	29,2	33,1	29,6	18,0	15,6	10,8	72	25	20			
23	32,5	32,4	29,3	19,4	14,5	9,0	45	20	21			
24	32,7	32,4	28,3	20,6	16,4	11,2	46	28	22			
25	32,6	31,1	28,5	20,8	15,2	11,0	56	23	27			
26	33,3	31,7	28,5	19,1	13,4	9,5	48	21	34			
27	33,6		23,0	18,2	15,1	9,4	39	23	52			
28	33,5	31,7	22,4	18,2		3,3	28		32			
29	33,7	31,9	27,1	16,4	15,9	3,6	35	20	21			
30	33,4	29,8	28,2	16,0	12,6	6,8	33	23	27			
31		30,7			11,5			22				
Total	973,6	959,1	885,9	566,4	449,3	305,3	1362	801,0	661,0			
Média	32,4	31,9	29,5	18,9	14,9	10,1	45	27	22			

MAPA DE TEMPERATURAS MÁXIMA E MINIMA, HUMIDADE RELATIVA E PRECIPITAÇÃO

REFERENTE AO III TRIMESTRE DE 2023 – DADOS CLIMATICOS

Dias	Tª Máxima °c			Tª Mínima °c			Humidade Relativa %			Precipitação mm		
	Julho	Agost.	Set.	Julho	Agost.	Set.	Julho	Agost.	Set.	Julho	Agos	Set.
01	28,4	26,2	33,9	13,8	9,3	13,8	21	15				
02	28,8	29,5	34,4	14,8	9,3	13,6	26	12				
03	29,0	30,8	35,7	11,3	8,8	14,2	22	31				
04	27,7	29,9	35,8	9,0	11,1	14,2	27	30				
05	27,4	29,0	35,6	9,1	11,9	14,3	35	24				
06	27,5	28,2	36,0	10,8	12,5	15,1	28	18				
07	27,8	28,5	35,9	12,2	12,9	15,2	20	24				
08	27,3	29,9	36,8	8,3	11,5	14,5	27	24				
09	27,8	30,8	36,9	8,2	12,8	16,6	27	25				
10	21,3	30,6	36,8	9,0	15,1	15,3	27	26				
11	21,3	32,1	31,5	8,3	14,5	17,0	15	25	23			
12	21,8	31,5	31,2	5,2	13,7	14,0	26	20				
13	24,8	32,0	34,2	6,7	16,0	14,0	35	10	14			
14	26,9	31,2	36,1	6,3	11,2	16,7		9	23			
15	29,3	33,0	37,0	7,1	11,3	17,7	21	20				
16	28,2	33,6	36,9	11,8	13,7	18,1	28	14	10			
17	26,6	33,4	37,5	9,6	12,5	15,5	28	20	10			
18	26,8	34,0	36,7	10,0	14,7	18,0	23	17	9			
19	27,6	33,2	34,6	8,4	12,6	17,2	22		24			
20	28,3	35,3	35,7	9,8	15,7	16,5	19	15	19			
21		35,7	35,5	12,0	13,2	18,7	18		30			
22	31,2	34,2	33,8	12,7	13,3	19,7	38		29			
23	31,4	34,4	35,3	17,1	14,4	18,7	32		27			
24	31,0	35,4	34,0	14,1	11,3	19,5	38		30			
25	29,5	32,9	31,5	9,8	13,0	14,8			17			
26	31,2	32,2	32,6		12,3	13,1	18	16	12			
27	32,0	30,0	34,4	12,0	11,4	14,8		13	13			
28	30,3	28,1	35,7	11,7	15,6	14,6		20				
29	26,8	30,7	37,8	10,5	19,5	19,5		41	20			
30	27,0	31,4	37,4	7,5	15,6	21,4		27	18			
31	26,5	32,9		10,2	14,7							
Total	862,6	980,7	1057,3	307,3	405,4	486,3	616	496				
Média	27,8	32,7	34,1	9,9	13,5	15,7	21	17				

MAPA DE TEMPERATURAS MÁXIMA E MINIMA, HUMIDADE RELATIVA E PRECIPITAÇÃO REFERENTE AO IV TRIMESTRE DE 2023 – DADOS CLIMATICOS

Dias	Tª Máxima °c			Tª Mínima °c			Humidade Relativa %			Precipitação mm		
	Out.	Nov.	Dez.	Out.	Nov.	Dez.	Out.	Nov.	Dez.	Out.	Nov.	Dez.
01	38,3		28,4	19,6		18,5	9					
02	39,4		28,3	20,9		20,5	14		75			
03	32,6		28,0	27,0		20,9	42		64			
04	37,5		30,9	19,2		19,9	16		63			
05	37,5		30,4	19,9		19,9	11		55			
06	37,5		30,2	21,9		17,5			67			
07			32,2			21,8			56			
08		38,7	32,4		18,3	21,7			60			
09		36,6	33,4		22,2	22,0			33			
10		37,7	32,7		23,9	21,6			39			
11		33,7	33,8		20,4	20,5		50	36			
12		35,7	34,1		23,5	20,8		34	41			
13		36,4	33,2		35,0	21,7		28	41			
14		37,0	32,2		25,2	22,0		25	26			
15		28,2	30,3		20,3	21,0		65	45			
16		33,8	34,7		20,9	20,8		52	37			
17		29,1	37,1		21,1	20,3		70	28			
18		32,8	32,9		23,8	23,2		40	69			
19		34,9	30,2		22,1	20,6		40	65			
20		28,7	32,7		20,9	23,1		83	56			
21		34,2	30,6		19,2	20,2		27	79			
22		35,7	30,4		25,2	21,3		23	62			
23		37,4	28,2		23,0	21,2		32	75			
24		31,9	28,6		20,2	21,1		62	77			
25		27,3	32,6		20,3	21,9		72	42			
26		27,3	31,6		18,1	19,1		68	40			
27		31,3	32,5		20,5	18,8		68	35			
28		33,7	32,2			18,3		49	44			
29		32,9	32,0		20,3	18,6		53	43			
30		30,1	32,5			20,0			47			
31			31,0			18,2			32			
Total	222,8	765,1	980,3	128,5	464,4	637,0						
Média	37,1	33,3	31,6	21,4	22,1	20,5						

Printed by Books on Demand GmbH, Norderstedt / Germany